U0264594

算子代数上的Lie映射与Jordan映射

余维燕 著

科学出版社

北京

内 容 简 介

本书是作者近年来的一些研究成果的总结，并以此为主线，系统介绍国内外关于算子代数上的Lie映射与Jordan映射相关问题的研究成果及进展。共分七章，内容包括预备知识、三角代数上的非线性Lie映射、von Neumann代数上的非线性*-Lie映射、算子代数上的Lie三重映射、算子代数上的Jordan映射、套代数上的双导子与可交换映射和CSL代数上的局部Lie导子等。

本书可供算子代数相关领域的研究人员使用，也适合数学专业的研究生和高年级本科生参阅。

图书在版编目(CIP)数据

算子代数上的Lie映射与Jordan映射/余维燕著. —北京：科学出版社，2017.9

ISBN 978-7-03-054440-7

I. ①算… II. ①余… III. ①算子代数—映射—研究 IV. ①O189

中国版本图书馆CIP数据核字（2017）第222227号

责任编辑：郭勇斌 彭婧煜 / 责任校对：王 瑞

责任印制：张 伟 / 封面设计：蔡美宇

科学出版社出版

北京东黄城根北街16号

邮政编码：100717

http://www.sciencep.com

北京中石油彩色印刷有限责任公司 印刷

科学出版社发行 各地新华书店经销

*

2017年9月第 一 版 开本：720×1000 1/16

2018年3月第二次印刷 印张：11

字数：213 000

定价：58.00元

（如有印装质量问题，我社负责调换）

前　言

算子代数理论产生于 20 世纪 30 年代[1-5]，经过几十年的发展，现在这一理论已成为现代数学中的一个热门分支。对于算子代数，其主要的研究课题是探讨代数的结构，利用同态映射研究代数的分类。但是，由于算子代数的结构复杂，即使是结构较好的 von Neumann 代数和 C^*-代数，分类问题也未完全解决。另外，算子代数上的映射与算子代数的某些固有性质有着密切的联系，因此，近年来，国内外许多学者对算子代数上的映射进行了系统而深入的研究[6]，并不断提出新思路，取得了丰富的成果。事实上，这方面的研究不仅丰富了算子代数理论的研究，而且促进了算子代数理论甚至纯代数理论的发展。本书主要对算子代数上的 Lie 映射与 Jordan 映射进行研究，特别对非线性 Lie 映射进行了探讨。本书内容涉及三角代数上的非线性 Lie 导子，三角代数上的非线性保 Lie 积的映射，因子 von Neumann 代数上的非线性$*$-Lie 导子，因子 von Neumann 代数上的非线性保$*$-Lie 积和保 ξ-$*$-Lie 积的映射，CSL 代数上的 Lie 三重导子，三角代数上的 Jordan (θ,ϕ)-导子和完全矩阵代数上的广义 Jordan 导子，等等。

全书共分为 7 章。第 1 章是预备知识，简单介绍算子代数方面的基本概念，以及本书后面常用到的一些结论。第 2 章首先讨论了三角代数上的非线性 Lie 导子，证明了三角代数上的每一个非线性 Lie 导子是一个可加的导子与一个使得换位子的值为零的中心值映射的和；其次讨论了三角代数上的非线性保 Lie 积的映射，作为应用，刻画了块上三角矩阵代数和套代数上的非线性保 Lie 积的映射的形式，讨论了三角代数上的非线性可交换映射–模线性可交换映射，通过刻画此类映射的具体形式，得出了三角代数上模线性可交换映射是真可交换映射的一个充分条件。作为应用，证明了套代数上的每一个模线性可交换映射都是真可交换映射。第 3 章首先研究了因子 von Neumann 代数上的非线性$*$-Lie 导子，证明了因子 von Neumann 代数上的每一个非线性$*$-Lie 导子都是一个可加的$*$-导子；其次刻画了因子 von Neumann 代数上的非线性保$*$-Lie 积和保 ξ-$*$-Lie 积的映射。第 4 章首先研究了 CSL 代数上的 Lie 三重导子；其次讨论了套代数上的 Lie 三重同构，证明了套代数上的每一个 Lie 三重同构 $L:\tau(N)\to\tau(M)$ 都具有形式 $L(x)=\pm\theta(x)+h(x)$，其中 θ 是同构或反同构，h 是 $\tau(N)\to\mathbb{C}I$ 的映射，使得对任意的 $A, B\in\tau(N)$ 有 $h[[A,B],C]=0$。同时，给出了一个是 Lie 三重同构而非 Lie 同构的例子。第 5 章主要刻画了算子代数上的 Jordan 映射，特别是研究了三角代数上的 Jordan 导子，广义 Jordan 导子，以及 Jordan (θ,ϕ)导子，得到了三角代数上的 Jordan 导子是导子；三角代数上的每一个广义 Jordan 导子是导子与广义内导子之和；同时也证明了当代数 A, B 只有平凡幂等元时，三角代数 (A, M, B) 上的每一个 Jordan (θ,ϕ)-导子都是 (θ,ϕ)-导子。第 6 章对套代数上的 σ-双导子和 σ-可交换映射进行了讨论。第 7 章证明了每一个可交换子空间代数上的局部 Lie 导子都是 Lie 导子。

本书的出版得到海南师范大学数学与统计学院及陕西师范大学数学与信息科学学院张建华教授的鼓励和支持。本书所基于的研究工作得到国家自然科学基金项目（11461018）、海南省自然科学基金项目（20151012）、海南省高等学校自然科学基金项目（HNKY2014-34）和海南师范大学学术著作出版基金的资助，在此一并表示衷心的感谢。

由于作者水平有限，加上新成果不断涌现，难以反映该领域的全貌，书中难免有疏漏之处，热忱欢迎读者批评指正。

作　者

2017 年 3 月于海口

海南师范大学

目　录

主要符号表

$\mathbb{F}$	实数域或复数域
$\mathbb{C}$	复数域
$\mathbb{R}$	实数域
$\mathbb{N}$	自然数之集
H	Hilbert 空间
X	无限维 Banach 空间
$B(H)$	H 上的有界线性算子
N	H 中的套
$\tau(N)$	与 N 有关的套代数
$E(M)$	套代数上的所有幂等元之集
$\mathrm{Tri}(A,M,B)$	三角代数
I	恒等算子
M_{sa}	自伴算子之集
$\dim H$	表示 H 的维数
L	可交换子空间格
$\mathrm{Alg}L$	可交换子空间格代数
$\sigma(A)$	算子 A 的谱
$M_n(\mathbb{F})$	实数或复数域 $\mathbb{F}$ 上的所有 $n\times n$ 矩阵代数
$\mathrm{diag}(x_1,x_2,\cdots,x_n)$	对角线上的元素是 $x_1,\cdots,x_n$ 的对角矩阵
$T_n^{\bar{k}}(R)$	可交换环 R 上的块上三角矩阵代数
$Z_\sigma(A)$	代数 A 的 σ 中心

第1章 预备知识

本章将给出在后面章节中经常用到的有界线性算子、三角代数、von Neumann 代数及套代数等的一些概念和结论。

§1.1 Banach 空间及算子

定义 1.1 设 X 是实或复的线性空间，如果在 X 上定义的非负函数$\|\cdot\|$满足下列条件：

（1）三角不等式，对任意的 $x, y \in X$, $\| x + y \| \leqslant \| x \| + \| y \|$；

（2）对任意的 $x \in X$ 和任意的数 a，有 $\| ax \| = | a | \| x \|$；

（3）$\| x \| = 0$，当且仅当 $x = 0$。

则称 X 为赋范空间。进而，如果还满足：

（4）对 X 中的任意 Cauchy 序列 $\{x_n\}$ (即当 $n, m \to \infty$, $|x_n - x_m| \to 0$)，存在 $x \in X$ 使得 $\lim\limits_{n\to\infty} \| x_n - x \| = 0$，则称 X 是 Banach 空间。

满足（1）～（3）的非负函数$\|\cdot\|$称为 X 上的范数。满足（1）～（2）的非负函数$\|\cdot\|$称为 X 上的半范数。

设 f 为 X 上的线性泛函，如果 $\| f \| = \sup\limits_{\|x\| \leqslant 1} |f(x)| < \infty$，称 f 为 X 上的有界线性泛函。记 Banach 空间 X 上的有界线性泛函全体为 X^*，则 X^* 按通常函数的加法和数乘法成为线性空间。$(X^*, \|\cdot\|)$ 也是 Banach 空间，称此空间为 X 的共轭空间。

我们有时也用 $\langle x, f \rangle$ 表示泛函 f 在 x 处的值 $f(x)$。

设 X 和 Y 是 Banach 空间，$T: X \to Y$ 是线性映射。如果 $\| T \| = \sup\limits_{\|x\| \leqslant 1} |Tx| < \infty$，称 T 有界。T 是连续的，当且仅当 T 是有界的，$\| T \|$ 称为 T 的范数。

在 Banach 空间及算子理论中，通常认为开映射定理、闭图定理、Hahn-Banach 延拓定理和一致有界原理是最基本的定理，列举如下。

定理 1.1（开映射定理） 设 T 是 Banach 空间 X 到 Banach 空间 Y 的有界线性算子且 $TX = Y$，则 T 为开映射。

定理 1.2（闭图定理） 设 $T: X \to Y$ 为 Banach 空间 X 到 Banach 空间 Y 的线性算子，并且 T 的图像 $\{(x,Tx) \mid x \in X\}$ 为 $X \times Y$ 中的闭集，那么 T 是有界的。

定理 1.3（Hahn-Banach 延拓定理） 如果 f 为 X 的闭线性子空间上的有界线性泛函，则 f 可保范地延拓为 X 上的有界线性泛函。

定理 1.4（一致有界原理或共鸣定理） 设 $\{T_\alpha\}_{\alpha\in\Lambda}$ 为 Banach 空间 X 到 Banach 空间 Y 中的一族有界线性算子。如果对任意的 $x \in X$，有

$$\sup\{\| T_\alpha x \| \ |\alpha \in \Lambda\} < \infty，\text{那么} \sup\{\| T \| \ |\alpha \in \Lambda\} < \infty$$

从 X 到 Y 的所有有界线性算子的集合记为 $B(X,Y)$；如果 $X = Y$，简记为 $B(X)$。赋予算子范数，$B(X,Y)$ 成为 Banach 空间。

设 $T \in B(X,Y)$，符号 ran(T)和 ker$T$ 分别代表 T 的值域和零空间。算子 $T \in B(X,Y)$ 称为有限秩的，如果 T 的值域 ran(T)是有限维子空间，ran(T)的维数也称为 T 的秩。

定义 1.2 设 H 是线性空间，$\langle\cdot,\cdot\rangle$ 是其上的一个二元函数。如果 $\langle\cdot,\cdot\rangle$ 关于第一个变元是线性的而关于第二个变元是共轭线性的，并且满足下列条件：对任意的 $x, y \in H$，有

（1）$\langle x, x\rangle \geqslant 0$，而 $\langle x, x\rangle = 0 \Leftrightarrow x = 0$；

（2）$\langle x, y\rangle = \overline{\langle y, x\rangle}$。

则称 $\langle\cdot,\cdot\rangle$ 为 H 上的内积。设 H 是 Banach 空间且具有内积 $\langle\cdot,\cdot\rangle$，如果 H 上的范数 $\|\cdot\|$ 由此内积导出，即对任意的 $x \in H$，有 $\| x \| = \langle x, x\rangle^{\frac{1}{2}}$，则称 H 是 Hilbert 空间。

设 H 是 Hilbert 空间，如果 $x, y \in H$ 满足 $\langle x, y\rangle = 0$，称 x 与 y 正交。如果 $\{e_i | i \in \Lambda\}$ 是 H 中一族相互正交的单位向量，并且其线性张在 H 中稠密，则称它为 H 的一个标准正交基。此时，任意 $x \in H$ 可唯一表示为 $x = \sum_{i\in\Lambda}\langle x, e_i\rangle e_i$，可分 Hilbert 空间存在可数标准正交基。

定义 1.3 设 H 是线性空间，其内积为 $\langle\cdot,\cdot\rangle$。令 $A \in B(H)$，则存在 $A^* \in B(H)$ 使得对任意的 $x, y \in H$ 都有 $\langle Ax, y\rangle = \langle x, A^* y\rangle$ 成立，称 A^* 为 A 的共轭算子或伴随算子。

（1）如果 $A^* = A$，称 A 是自伴算子。

（2）如果 A 自伴且对每个 $x \in H$，都有 $\langle Ax, x\rangle \geqslant 0$，称 A 是正算子。

（3）如果 $A^k = A$，称 A 是 k-阶幂等算子。其中，k 是自然数，2-阶幂等算子称为幂等算子。

（4）如果存在自然数 k 使得 $A^k = 0$，称 A 是幂零算子；如果 $A^k = 0$，但 $A^{k-1} \neq 0$，称 A 是 k-阶幂零算子。

（5）如果 A 是正算子且 A 是2-阶幂等算子，称 A 是投影。

（6）如果 $AA^* = A^*A$，称 A 是正规算子。

（7）如果 $AA^* = A^*A = I$，称 A 是酉算子；如果 $AA^* = I$，称 A 是等距算子；如果 AA^* 和 A^*A 都是投影算子，称 A 是部分等距算子。

对 Banach 空间情形同样可定义幂零算子、k-阶幂零算子、k-阶幂等算子的概念。

定义 1.4 设 $A \in B(X)$ 且 $M \subset X$ 是闭线性子空间。如果对任意的 $x \in M$，有 $Ax \in M$，称 M 是 A 的不变子空间。Lat$A$ 表示 A 在 X 中的所有不变子空间的集合。如果 $L \subset B(X)$，则 $\text{Lat}\,L = \bigcap_{A \in L} \text{Lat}A$。

命题 1.1 设 H 是线性空间，如果 $A, P \in B(H)$ 且 P 是 H 到 H 的子空间 M 上的投影，则 $M \in \text{Lat}A$，当且仅当 $AP = PAP$。

§1.2 C^*-代数和von Neumann代数

本节将分别介绍 Banach 代数、C^*-代数和 von Neumann 代数的概念，有关结论及证明的详细讨论参见文献[7-9]。

定义 1.5 设 $\mathbf{A}$ 是一个代数，$\|\cdot\|$是 $\mathbf{A}$ 上的范数。如果 $\mathbf{A}$ 按此范数成为 Banach 空间且满足：

$$\|AB\| \leqslant \|A\|\|B\|, \quad \forall A, B \in \mathbf{A}$$

则称 $\mathbf{A}$ 为 Banach 代数。

定义 1.6 设 $\mathbf{A}$ 是 Banach 代数。如果 $\mathbf{A}$ 中具有对合运算 $*: \mathbf{A} \to \mathbf{A}$ 且满足下面4个条件，称 $\mathbf{A}$ 是 C^*-代数。

（1）$(\alpha A + \beta B)^* = \overline{\alpha} A^* + \overline{\beta} B^*$；

（2）$(AB)^* = B^* A^*$；

（3）$(A^*)^* = A$；

（4）$\|A^*A\|=\|A\|^2$。

定义 1.7　设 $\mathbf{A}$ 是 C^*-代数且 $A, B\in\mathbf{A}$。

（1）如果 $A^*=A$，称 A 是自伴元。

（2）如果 A 自伴且 A 的谱是正的，称 A 是正元。

（3）如果 $A^2=A$，称 A 是幂等元。

（4）如果 A 是正幂等元，称 A 是投影。

（5）如果 A 和 B 是投影且 $AB=0$，称 A 和 B 正交。

（6）如果 $A^*A=AA^*$，称 A 是正规元。

类似于定义 1.3 也可定义 C^*-代数上的酉元等。

设 M 是一个 von Neumann 代数，M' 表示它的一次换位，M'' 表示它的二次换位。

定义 1.8　一个 H 上的 von Neumann 代数 M 是 $B(H)$的一个*-子代数，满足 $M=M''$。

$B(H)$是一个 von Neumann 代数，数乘恒等算子 $\mathbb{C}I$ 是一个 von Neumann 代数，H 上的每一个 von Neumann 代数都包含数乘恒等算子。

定义 1.9　如果一个 von Neumann 代数的中心只包含数乘恒等算子 $\mathbb{C}I$，则称这个 von Neumann 代数是因子 von Neumann 代数。

一个 von Neumann 代数 M 是因子 von Neumann 代数等价于 M' 是一个因子 von Neumann 代数，或者等价于由 M 和 M' 生成的 von Neumann 代数是 $B(H)$。

§1.3　三 角 代 数

本节将介绍三角代数的概念及在后面章节中经常用到的基本结论，有关证明及详细讨论参见文献[10]、[11]。

设 R 是具有单位元的可交换环。A 和 B 是环 R 上的代数，M 是非零的(A, B)-双边模。考虑集合：

$$\mathfrak{A}=\mathrm{Tri}(A,M,B)=\left\{\begin{pmatrix} a & m \\ 0 & b\end{pmatrix}: a\in A, m\in M, b\in B\right\}$$

在集合 $\mathrm{Tri}(A, M, B)$ 上定义类似于矩阵加法和矩阵乘法的运算如下：对任意的

$a_1, a_2 \in A$，$b_1, b_2 \in B$ 和 $m_1, m_2 \in M$，有

$$\begin{pmatrix} a_1 & m_1 \\ 0 & b_1 \end{pmatrix} + \begin{pmatrix} a_2 & m_2 \\ 0 & b_2 \end{pmatrix} = \begin{pmatrix} a_1 + a_2 & m_1 + m_2 \\ 0 & b_1 + b_2 \end{pmatrix}$$

和

$$\begin{pmatrix} a_1 & m_1 \\ 0 & b_1 \end{pmatrix} \begin{pmatrix} a_2 & m_2 \\ 0 & b_2 \end{pmatrix} = \begin{pmatrix} a_1 a_2 & a_1 m_2 + a_2 m_1 \\ 0 & b_1 b_2 \end{pmatrix}$$

直接可验证满足此加法和乘法运算的 $\mathrm{Tri}(A, M, B)$ 是一个代数。为了方便，$\mathrm{Tri}(A, M, B)$ 有时也记为 $\begin{pmatrix} A & M \\ 0 & B \end{pmatrix}$。

定义 1.10 如果 $a \in A$ 且对任意 $m \in M$ 有 $am = 0$ (或 $ma = 0$)蕴含 $a = 0$，则称 M 是一个忠实的左 A-模（或右 A-模）。

定义 1.11 如果 M 既是忠实的左 A-模又是忠实的右 B-模，则称一个(A, B)双边模是忠实的双边模。

定义 1.12 设 A 和 B 是可交换环 R 上的具有单位元的代数，M 是具有单位元的忠实的(A, B)-双边模。则称环 R-代数

$$\mathfrak{A} = \mathrm{Tri}(A, M, B) = \left\{ \begin{pmatrix} a & m \\ 0 & b \end{pmatrix} : a \in A, m \in M, b \in B \right\}$$

为三角代数。最重要的三角代数的例子是上三角矩阵代数、块上三角矩阵代数和套代数。

以下给出两个具体的三角代数的例子。

例 1.1 设 n, k 是自然数，当 $n > 1$ 时，环 R 上的 $n \times n$ 上三角矩阵代数 $T_n(R)$ 是一个三角代数。一般情况下，如果 $n > k$，则有 $\begin{pmatrix} T_{n-k}(R) & R^{n-k,k} \\ 0 & T_k(R) \end{pmatrix}$，其中 $R^{n-k,k}$ 是 R 上的 $(n-k) \times k$ 阶矩阵空间。

例 1.2 设 $A = B = \left\{ \begin{pmatrix} t & a \\ 0 & t \end{pmatrix} : t, a \in R \right\}$ 且 $M = T_2(R)$。则 $\mathrm{Tri}(A, M, B)$ 是一个三角代数。

定义 1.13 设 A 是一个代数，$Z(A)$ 为其中心，表示为集合

$$\{a \in A : ax = xa，\text{对任意的} x \in A\}$$

对于三角代数的中心有以下结论。

定理 1.5 设$\mathfrak{A}=\mathrm{Tri}(A,M,B)$是三角代数，$Z(\mathfrak{A})$为其中心。则有

$$Z(\mathfrak{A})=\left\{\begin{pmatrix} a & 0 \\ 0 & b \end{pmatrix}: am=mb\text{，对任意的}m\in M\right\}$$

定义两个自然投影$\pi_A:\mathfrak{A}\to A$和$\pi_B:\mathfrak{A}\to B$为

$$\pi_A:\begin{pmatrix} a & m \\ 0 & b \end{pmatrix}\mapsto a\text{和}\pi_B:\begin{pmatrix} a & m \\ 0 & b \end{pmatrix}\mapsto b$$

则$\pi_A(Z(\mathfrak{A}))\subseteq Z(A)$和$\pi_B(Z(\mathfrak{A}))\subseteq Z(B)$，并且存在一个唯一的代数同构$\tau:\pi_A(Z(\mathfrak{A}))\to\pi_B(Z(\mathfrak{A}))$，使得对任意的$m\in M$，有$am=m\tau(a)$。

§1.4 套 代 数

以下有关套代数的概念、结论及详细讨论见文献[12]。

定义 1.14 设H是复的 Hilbert 空间，一个套$\mathbf{N}$是H的一个闭子空间之集且满足以下 4 个条件:

（1）$0,H\in\mathbf{N}$;

（2）如果$N_1,N_2\in\mathbf{N}$，则有$N_1\subseteq N_2$或$N_2\subseteq N_1$；

（3）如果$\{N_j\}_{j\in J}\subseteq\mathbf{N}$，则$\bigcap_{j\in J}N_j\subseteq\mathbf{N}$;

（4）如果$\{N_j\}_{j\in J}\subseteq\mathbf{N}$，则$\bigcup_{j\in J}N_j$的线性张的范数闭包也属于$\mathbf{N}$。

如果$\mathbf{N}=\{0,H\}$则称$\mathbf{N}$是平凡套，否则称为非平凡套；如果对任意的$N\in\mathbf{N}$有$\inf\{M\in\mathbf{N}:N\subseteq M\}=N$，则称$\mathbf{N}$是连续套。

本书用$B(H)$表示H上的有界线性算子。

定义 1.15 与套$\mathbf{N}$对应的套代数定义为

$$\tau(\mathbf{N})=\{T\in B(H):T(N)\subseteq N\text{，对任意的}N\in\mathbf{N}\}$$

即$\tau(\mathbf{N})$是使得$\mathbf{N}$的所有子空间不变的有界线性算子构成的代数。

如果$\mathbf{N}$是平凡套，则$\tau(\mathbf{N})=B(H)$。

以下给出几个套代数的例子。

例 1.3 设$\{e_j:j=1,2,\cdots\}$是H的一个规范正交基，$N_k=\mathrm{span}\{e_1,\cdots,e_k\}$且$\mathbf{N}=$

$\{N_k : k = 1, 2, \cdots\} \cup \{0, H\}$。则 **N** 是一个套，对应的套代数 $\tau(\mathbf{N})$是关于 $\{e_j\}$ 的矩阵，表示的是上三角的所有算子构成的代数。

例 1.4 如果 H 是有限维的，则套代数就是块上三角矩阵代数。因为如果 **N** 是有限维空间上的套且 $0 \subseteq N_1 \subseteq \cdots \subseteq N_k = H$ 是套中的子空间，则可选择 H 的一个规范正交基 $e_1, \cdots, e_n$，使得 $e_{n_1}, \cdots, e_{n_k}$ 是 N_J 的一个基。则在 $\tau(\mathbf{N})$中的算子关于这个基的矩阵表示就是块上三角矩阵代数 $T\left(n_1, n_2 - n_1, \cdots, n_k - n_{k-1}\right)(\mathbb{C})$。

定理 1.6 如果 $N \in \mathbf{N} \backslash \{0, H\}$，$E$ 是到 N 上的正交投影。则 $E\mathbf{N}$ 和 $(1-E)\mathbf{N}$ 分别是 Hilbert 空间 EH 和 $(1-E)H$ 中的套，并且 $\tau(E\mathbf{N}) = E\tau(\mathbf{N})E$，$\tau((1-E)\mathbf{N}) = (1-E)\tau(\mathbf{N})$。从而

$$\tau(\mathbf{N}) = \begin{pmatrix} \tau(EN) & E\tau(N)(1-E) \\ 0 & \tau((1-E)N) \end{pmatrix}$$

定理 1.7 $Z(\tau(\mathbf{N})) = \mathbb{C}I$。

第 2 章 三角代数上的非线性 Lie 映射

关于算子代数的 Lie 结构一直受到许多学者的关注。本章主要通过研究三角代数上的非线性 Lie 导子、三角代数上的非线性保 Lie 积的映射及三角代数上的非线性可交换映射来探讨算子代数的 Lie 结构。

§2.1 引　　言

设 A 和 B 是可交换环 R 上的具有单位元的代数，M 是具有单位元的 (A,B) -双边模。$\mathfrak{A}=\mathrm{Tri}(A,M,B)$ 为三角代数。

以下首先给出本章所需要的定义、记号。

定义 2.1　设 A 是可交换环 R 上的代数，$\phi: A\to A$ 是一个映射（没有可加性的假设）。若对任意的 $x,y\in A$，有

$$\phi([x,y])=[\phi(x),y]+[x,\phi(y)]$$

则称 ϕ 是一个非线性 Lie 导子。

定义 2.2[13]　设 A 和 B 是可交换环 R 上的代数。$\phi: A\to B$ 是一个映射。如果对任意的 $x,y\in A$，有

$$\phi(x+y)-\phi(x)-\phi(y)\in Z(B)$$

则称 ϕ 是模中心可加的映射。

定义 2.3　设 $\phi: A\to B$ 是一个映射（没有假设可加性）。如果对任意的 $x,y\in A$，有

$$\phi([x,y])=[\phi(x),\phi(y)]$$

其中 $[x,y]=xy-yx$ 是 Lie 积，则称 ϕ 是非线性保 Lie 积的映射。

定义 2.4[14]　设 $\mathfrak{A}=\mathrm{Tri}(A,M,B)$ 是一个三角代数，$Z(\mathfrak{A})$ 是它的中心。如果对任

意的 $a\in A$ 和 $b\in B$，有 $\pi_A(Z(\mathfrak{A}))=Z(A)$，$\pi_B(Z(\mathfrak{A}))=Z(B)$ 和 $aMb=0$ 蕴含 $a=0$ 或 $b=0$，则称 $\mathfrak{A}=\mathrm{Tri}(A,M,B)$ 是一个正规的三角代数。

设 $\mathfrak{A}=\mathrm{Tri}(A,M,B)$ 是三角代数，$Z(\mathfrak{A})$ 为其中心。由定理 1.5 可知，

$$Z(\mathfrak{A})=\left\{\begin{pmatrix} a & 0\\ 0 & b\end{pmatrix}: am=mb,\ \text{对任意的} m\in M\right\} \tag{2-1}$$

对于自然投影 $\pi_A:\mathfrak{A}\to A$ 和 $\pi_B:\mathfrak{A}\to B$ 为

$$\pi_A:\begin{pmatrix} a & m\\ 0 & b\end{pmatrix}\mapsto a \text{ 和 } \pi_B:\begin{pmatrix} a & m\\ 0 & b\end{pmatrix}\mapsto b$$

有 $\pi_A(Z(\mathfrak{A}))\subseteq Z(A)$ 和 $\pi_B(Z(\mathfrak{A}))\subseteq Z(B)$，并且存在一个唯一的代数同构 τ: $\pi_A(Z(\mathfrak{A}))\to\pi_B(Z(\mathfrak{A}))$ 使得对任意的 $m\in M$，有 $am=m\tau(a)$。

设 1_A 和 1_B 分别为代数 A 和 B 的单位元，1 为三角代数 $\mathfrak{A}$ 的单位元。本章将用以下记号

$$e_1=\begin{pmatrix} 1_A & 0\\ 0 & 0\end{pmatrix},\quad e_2=1-e_1=\begin{pmatrix} 0 & 0\\ 0 & 1_B\end{pmatrix}$$

和

$$\mathfrak{A}_{ij}=e_i\mathfrak{A}e_j(1\leqslant i\leqslant j\leqslant 2)$$

显然三角代数 $\mathfrak{A}$ 可以被表示为

$$\mathfrak{A}=e_1\mathfrak{A}e_1+e_1\mathfrak{A}e_2+e_2\mathfrak{A}e_2=\mathfrak{A}_{11}+\mathfrak{A}_{12}+\mathfrak{A}_{22} \tag{2-2}$$

其中，$\mathfrak{A}_{11}$ 和 $\mathfrak{A}_{22}$ 是 $\mathfrak{A}$ 的子代数并分别同构于 A 和 B，$\mathfrak{A}_{12}\subseteq\mathfrak{A}$ 是一个($\mathfrak{A}_{11}$, $\mathfrak{A}_{22}$)-双边模且同构于 M。$\pi_A(Z(\mathfrak{A}))$ 和 $\pi_B(Z(\mathfrak{A}))$ 分别同构于 $e_1Z(\mathfrak{A})e_1$ 和 $e_2Z(\mathfrak{A})e_2$。则对任意的 $m\in\mathfrak{A}_{12}$，有一个代数同构 $\sigma:e_1Z(\mathfrak{A})e_1\to e_2Z(\mathfrak{A})e_2$ 使得 $am=m\sigma(a)$。

§2.2　三角代数上的非线性Lie导子[15]

本节将主要证明以下定理。

定理 2.1　设 $\mathfrak{A}=\mathrm{Tri}(A,M,B)$ 是一个三角代数，$\phi:\mathfrak{A}\to\mathfrak{A}$ 是一个非线性 Lie 导

子。如果$\pi_A(Z(\mathfrak{A}))=Z(A)$且$\pi_B(Z(\mathfrak{A}))=Z(B)$，则$\phi$是一个可加的导子与一个使得换位子的值为零的中心值映射的和。

为了证明定理 2.1，需要几个引理。以下总假设$\mathfrak{A}=\mathrm{Tri}(A,M,B)$是一个三角代数且满足$\pi_A(Z(\mathfrak{A}))=Z(A)$和$\pi_B(Z(\mathfrak{A}))=Z(B)$，$\phi:\mathfrak{A}\to\mathfrak{A}$是一个非线性 Lie 导子。由式（2-1）可得以下引理。

引理 2.1 设$x\in\mathfrak{A}$，则$x\in\mathfrak{A}_{12}+Z(\mathfrak{A})$，当且仅当对任意的$m\in\mathfrak{A}_{12}$，有$[x,m]=0$。

引理 2.2 $\phi(0)=0$且存在$n_0\in U$使得$\phi(e_1)-[e_1,n_0]\in Z(\mathfrak{A})$。

证明 显然，$\phi(0)=\phi([0,0])=[\phi(0),0]+[0,\phi(0)]=0$。
另外，对任意的$m\in\mathfrak{A}_{12}$，有

$$\phi(m)=\phi([e_1,m])=[\phi(e_1),m]+[e_1,\phi(m)]=\phi(e_1)m-m\phi(e_1)+e_1\phi(m)-\phi(m)e_1$$

从而$e_1\phi(m)e_1=e_2\phi(m)e_2=0$。故由式（2-2）可得

$$\phi(m)=e_1\phi(m)e_1+e_1\phi(m)e_2+e_2\phi(m)e_2=e_1\phi(m)e_2=[e_1,\phi(m)] \tag{2-3}$$

因此，对任意的$m\in\mathfrak{A}_{12}$，有$[\phi(e_1),m]=0$。从而存在$n_0\in\mathfrak{A}_{12}$和$z_0\in Z(\mathfrak{A})$，由引理 2.1 可得

$$\phi(e_1)=n_0+z_0\in\mathfrak{A}_{12}+Z(\mathfrak{A}) \tag{2-4}$$

从而由事实$e_1z_0e_2=0$和式（2-4）可得$n_0=e_1\phi(e_1)e_2=[e_1,n_0]$。因此$\phi(e_1)-[e_1,n_0]=z_0\in Z(\mathfrak{A})$。证毕。

注 2.1 设n_0满足引理 2.2。定义一个映射$\phi:\mathfrak{A}\to\mathfrak{A}$为$\phi(x)=\phi(x)-[x,n_0]$。显然，$\phi$也是$U$的一个非线性 Lie 导子。从而由引理 2.2 可得$\phi(e_1)\in Z(\mathfrak{A})$。因此，不失一般性我们假设$\phi(e_1)\in Z(\mathfrak{A})$。

引理 2.3 （1）对任意的$x\in\mathfrak{A}_{11}\cup\mathfrak{A}_{22}$，有$e_1\phi(x)e_2=0$；

（2）对任意的$a\in\mathfrak{A}_{11}$，有$e_2\phi(a)e_2\in e_2Z(\mathfrak{A})e_2$且对任意的$b\in\mathfrak{A}_{22}$，有$e_1\phi(b)e_1\in e_1Z(\mathfrak{A})e_1$。

证明 （1）设$x\in\mathfrak{A}_{11}\cup\mathfrak{A}_{22}$，则由$[x,e_1]=0$和$\phi(e_1)\in Z(\mathfrak{A})$可知，

$$0=\phi(0)=\phi([x,e_1])=[\phi(x),e_1]+[x,\phi(e_1)]=\phi(x)e_1-e_1\phi(x)$$

从而对任意的$x\in\mathfrak{A}_{11}\cup\mathfrak{A}_{22}$，有$e_1\phi(x)e_2=0$。

（2）设$a\in\mathfrak{A}_{11}$和$b\in\mathfrak{A}_{22}$，则由（1）和式（2-2）可得

$$\phi(a)=e_1\phi(a)e_1+e_2\phi(a)e_2 \tag{2-5}$$

和

$$\phi(b)=e_1\phi(b)e_1+e_2\phi(b)e_2 \tag{2-6}$$

另外，

$$\begin{aligned}0=\phi(0)=\phi([a,b])&=[\phi(a),b]+[a,\phi(b)]\\&=\phi(a)b-b\phi(a)+a\phi(b)-\phi(b)a\end{aligned}$$

结合式（2-5）和式（2-6）可得

$$e_2\phi(a)e_2b-be_2\phi(a)e_2+ae_1\phi(b)e_1-e_1\phi(b)e_1a=0$$

故对任意的$b\in\mathfrak{A}_{22}$和$a\in\mathfrak{A}_{11}$，有

$$e_2\phi(a)e_2b-be_2\phi(a)e_2=0$$

和

$$ae_1\phi(b)e_1-e_1\phi(b)e_1a=0$$

由$\pi_B(Z(\mathfrak{A}))=Z(B)$和$\pi_A(Z(\mathfrak{A}))=Z(A)$，则$e_2\phi(a)e_2\in Z(\mathfrak{A}_{22})=e_2Z(\mathfrak{A})e_2$且$e_1\phi(b)e_1\in Z(\mathfrak{A}_{11})=e_1Z(\mathfrak{A})e_1$。证毕。

注 2.2　对任意的$a\in\mathfrak{A}_{11}$和$b\in\mathfrak{A}_{22}$，定义$h_1(a)=e_2\phi(a)e_2$和$h_2(b)=e_1\phi(b)e_1$。由引理 2.3（2）可得$h_1:\mathfrak{A}_{11}\to e_2Z(\mathfrak{A})e_2$是一个映射且满足对任意的$x_1,y_1\in\mathfrak{A}_{11}$有$h_1([x_1,y_1])=0$；$h_2:\mathfrak{A}_{22}\to e_1Z(\mathfrak{A})e_1$是一个映射且满足对任意的$x_2,y_2\in\mathfrak{A}_{22}$有$h_2([x_2,y_2])=0$。设$\sigma:e_1Z(\mathfrak{A})e_1\to e_2Z(\mathfrak{A})e_2$是代数同构，使得对任意的$a\in e_1Z(\mathfrak{A})e_1$和$m\in\mathfrak{A}_{12}$有$am=m\sigma(a)$。对每一个$x\in\mathfrak{A}$，定义

$$h(x)=h_2(e_2xe_2)+\sigma^{-1}(h_1(e_1xe_1))+\sigma(h_2(e_2xe_2))+h_1(e_1xe_1)$$

则对任意的$m\in\mathfrak{A}_{12}$，有

$$(h_2(e_2xe_2)+\sigma^{-1}(h_1(e_1xe_1)))m=m(\sigma(h_2(e_2xe_2))+h_1(e_1xe_1))$$

从而由式（2-1）可知对任意的$x\in\mathfrak{A}$有$h(x)\in Z(\mathfrak{A})$。因此h是一个从$\mathfrak{A}$到它的中心$Z(\mathfrak{A})$的映射。很容易验证对任意的$x,y\in\mathfrak{A}$有$h([x,y])=0$。则定义为$\psi(x)=\phi(x)-h(x)$的映射$\psi:\mathfrak{A}\to\mathfrak{A}$也是一个非线性 Lie 导子且有$\psi(e_1)\in Z(\mathfrak{A})$。

引理 2.4　设ψ满足注 2.2 的条件，则对$1\leqslant i\leqslant j\leqslant 2$有$\psi(\mathfrak{A}_{ij})\subseteq\mathfrak{A}_{ij}$。

证明 由式（2-1）可以看出，$\psi(\mathfrak{A}_{12})\subseteq\mathfrak{A}_{12}$。设$a\in\mathfrak{A}_{11}$，从而由式（2-3）和$\psi$的定义可得

$$\psi(a)=e_1\psi(a)e_1+e_2\psi(a)e_2=e_1\psi(a)e_1+e_2\phi(a)e_2-e_2h(a)e_2$$
$$=e_1\psi(a)e_1+h_1(a)-h_1(a)=e_1\psi(a)e_1\in\mathfrak{A}_{11}$$

因此$\psi(\mathfrak{A}_{11})\subseteq\mathfrak{A}_{11}$。

另外，设$b\in\mathfrak{A}_{22}$，从而由式（2-4）和ψ的定义可得

$$\psi(b)=e_1\psi(b)e_1+e_2\psi(b)e_2=e_1\phi(b)e_1-e_1h(b)e_1+e_2\psi(b)e_2$$
$$=h_2(b)-h_2(b)+e_2\psi(b)e_2=e_2\psi(b)e_2\in\mathfrak{A}_{22}$$

从而$\psi(\mathfrak{A}_{22})\subseteq\mathfrak{A}_{22}$。证毕。

引理 2.5 设ψ满足注 2.2 的条件，则

（1）对任意的$a\in\mathfrak{A}_{11}$和$m\in\mathfrak{A}_{12}$，有$\psi(am)=\psi(a)m+a\psi(m)$；

（2）对任意的$n\in\mathfrak{A}_{12}$和$b\in\mathfrak{A}_{22}$，有$\psi(nb)=\psi(n)b+n\psi(b)$。

证明 （1）设$a\in\mathfrak{A}_{11}$和$m\in\mathfrak{A}_{12}$，则$am=[a,m]$，从而由引理 2.4 可得

$$\psi(am)=[\psi(a),m]+[a,\psi(m)]=\psi(a)m+a\psi(m)$$

（2）设$b\in\mathfrak{A}_{11}$和$n\in\mathfrak{A}_{12}$，则$nb=[n,b]$，从而由引理 2.4 可得

$$\psi(nb)=[\psi(n),b]+[n,\psi(b)]=\psi(n)b+n\psi(b)$$

证毕。

引理 2.6 设ψ满足注 2.2 的条件，则

（1）对任意的$a\in\mathfrak{A}_{11}$和$m\in\mathfrak{A}_{12}$，有$\psi(a+m)-\psi(a)-\psi(m)\in Z(\mathfrak{A})$；

（2）对任意的$n\in\mathfrak{A}_{12}$和$b\in\mathfrak{A}_{22}$，有$\psi(n+b)-\psi(n)-\psi(b)\in Z(\mathfrak{A})$。

证明 （1）设$a\in\mathfrak{A}_{11}$和$m,n\in\mathfrak{A}_{12}$，由$[a,n]=[a+m,n]$和引理 2.4 可得

$$[\psi(a),n]+[a,\psi(n)]=[\psi(a+m),n]+[a+m,\psi(n)]$$
$$=[\psi(a+m),n]+[a,\psi(n)]$$

则对任意的$n\in\mathfrak{A}_{12}$有$[\psi(a+m)-\psi(a),n]=0$。由引理 2.1 可知，$\psi(a+m)-\psi(a)\in\mathfrak{A}_{12}+Z(\mathfrak{A})$。从而

$$\psi(a+m)-\psi(a)-e_1(\psi(a+m)-\psi(a))e_2\in Z(\mathfrak{A}) \tag{2-7}$$

因为对任意的 $x\in\mathfrak{A}$ 有 $\psi(e_1)\in Z(\mathfrak{A})$ 和 $[e_1,x]=e_1xe_2$ ，所以

$$\psi(e_1xe_2)=[\psi(e_1),x]+[e_1,\psi(x)]=[e_1,\psi(x)]=e_1\psi(x)e_2 \tag{2-8}$$

由式（2-8），则有

$$e_1(\psi(a+m)-\psi(a))e_2=\psi(e_1(a+m)e_2)-\psi(e_1ae_2)=\psi(m)$$

由此式和式（2-7）可知，对任意的 $a\in\mathfrak{A}_{11}$ 和 $m\in\mathfrak{A}_{12}$ 有

$$\psi(a+m)-\psi(a)-\psi(m)\in Z(\mathfrak{A})$$

（2）设 $b\in\mathfrak{A}_{22}$ 和 $m,n\in\mathfrak{A}_{12}$ ，由 $[m,b]=[m,n+b]$ 和引理 2.4 可得

$$\begin{aligned}[\psi(m),b]+[m,\psi(b)]&=[\psi(m),n+b]+[m,\psi(n+b)]\\&=[\psi(m),b]+[m,\psi(n+b)]\end{aligned}$$

则对任意的 $m\in\mathfrak{A}_{12}$ 有

$$[m,\psi(n+b)-\psi(b)]=0$$

由引理 2.1 可知， $\psi(n+b)-\psi(b)\in\mathfrak{A}_{12}+Z(\mathfrak{A})$ 。从而

$$\psi(n+b)-\psi(b)-e_1(\psi(n+b)-\psi(b))e_2\in Z(\mathfrak{A}) \tag{2-9}$$

因为对任意的 $x\in\mathfrak{A}$ ，有 $\psi(e_1)\in Z(\mathfrak{A})$ 和 $[e_1,x]=e_1xe_2$ ，所以

$$\psi(e_1xe_2)=[\psi(e_1),x]+[e_1,\psi(x)]=[e_1,\psi(x)]=e_1\psi(x)e_2 \tag{2-10}$$

由式（2-10），则有

$$e_1(\psi(n+b)-\psi(b))e_2=\psi(e_1(n+b)e_2)-\psi(e_1be_2)=\psi(n)$$

由此式和式（2-9）可知，对任意的 $b\in\mathfrak{A}_{22}$ 和 $n\in\mathfrak{A}_{12}$ 有

$$\psi(n+b)-\psi(n)-\psi(b)\in Z(\mathfrak{A})$$

证毕。

引理 2.7　设 ψ 满足注 2.2 的条件，则

（1）对任意的 $m,n\in\mathfrak{A}_{12}$ ，有 $\psi(m+n)=\psi(m)+\psi(n)$ ；

（2）对任意的 $a\in\mathfrak{A}_{11}$， $m\in\mathfrak{A}_{12}$ 和 $b\in\mathfrak{A}_{22}$ ，有 $\psi(a+m+b)-\psi(a)-\psi(m)-\psi(b)\in Z(\mathfrak{A})$ 。

证明 （1）因为对任意的 $x\in\mathfrak{A}$ 有 $\psi(e_1)\in Z(\mathfrak{A})$ 和 $[e_1,x]=[x,e_2]$，从而

$$\begin{aligned}[\psi(x),e_2]&=[e_1,\psi(x)]=[e_1,\psi(x)]+[\psi(e_1),x]=\psi([e_1,x])\\&=\psi([x,e_2])=[\psi(x),e_2]+[x,\psi(e_2)]\end{aligned}$$

故对任意的 $x\in\mathfrak{A}$，有 $[x,\psi(e_2)]=0$，因此 $\psi(e_2)\in Z(\mathfrak{A})$。

设 $m,n\in\mathfrak{A}_{12}$，则由 $m+n=[e_1+m,n+e_2]$，引理 2.6 和引理 2.4 可得

$$\begin{aligned}\psi(m+n)&=[\psi(e_1+m),n+e_2]+[e_1+m,\psi(n+e_2)]\\&=[\psi(e_1)+\psi(m),n+e_2]+[e_1+m,\psi(n)+\psi(e_2)]\\&=[\psi(m),n+e_2]+[e_1+m,\psi(n)]=\psi(m)+\psi(n)\end{aligned}$$

（2）设 $a\in\mathfrak{A}_{11}$，$m\in\mathfrak{A}_{12}$ 和 $b\in\mathfrak{A}_{22}$，则对任意的 $n\in\mathfrak{A}_{12}$，有

$$[a+m+b,n]=[a,n]+[b,n]$$

从而由（1）和引理 2.4 可得

$$\begin{aligned}&[\psi(a+m+b),n]+[a+m+b,\psi(n)]\\&\quad=\psi([a,n]+[b,n])=\psi([a,n])+\psi([b,n])\\&\quad=[\psi(a),n]+[a,\psi(n)]+[\psi(b),n]+[b,\psi(n)]\\&\quad=[\psi(a)+\psi(b),n]+[a+m+b,\psi(n)]\end{aligned}$$

故对任意的 $n\in\mathfrak{A}_{12}$，有 $[\psi(a+m+b)-\psi(a)-\psi(b),n]=0$。从而由引理 2.1 可得

$$\psi(a+m+b)-\psi(a)-\psi(b)-e_1(\psi(a+m+b)-\psi(a)-\psi(b))e_2\in Z(\mathfrak{A}) \tag{2-11}$$

另外，由式（2-8）可得

$$e_1(\psi(a+m+b)-\psi(a)-\psi(b))e_2=\psi(m)$$

由此式和式（2-11）可证得 $\psi(a+m+b)-\psi(a)-\psi(m)-\psi(b)\in Z(\mathfrak{A})$。证毕。

注 2.3 由引理 2.7（2），定义一个映射 $g:\mathfrak{A}\to Z(\mathfrak{A})$ 为

$$g(x)=\psi(x)-\psi(e_1xe_1)-\psi(e_1xe_2)-\psi(e_2xe_2) \tag{2-12}$$

则 $g(x)e_1=e_1g(x)e_1=e_1\psi(x)e_1-\psi(e_1xe_1)$，并且对任意的 $x,y\in\mathfrak{A}$，有

$$
\begin{aligned}
g([x,y])e_1 &= e_1\psi([x,y])e_1 - \psi([e_1xe_1, e_1ye_1]) \\
&= [e_1\psi(x)e_1, e_1ye_1] + [e_1xe_1, e_1\psi(y)e_1] - [\psi(e_1xe_1), e_1ye_1] - [e_1xe_1, \psi(e_1ye_1)] \\
&= [e_1\psi(x)e_1 - \psi(e_1xe_1), e_1ye_1] + [e_1xe_1, e_1\psi(y)e_1 - \psi(e_1ye_1)] \\
&= [g(x)e_1, e_1ye_1] + [e_1xe_1, g(y)e_1] = 0
\end{aligned}
$$

类似地，能证明 $g([x,y])e_2 = 0$ 也成立。因此对任意的 $x, y \in \mathfrak{A}$，有

$$g([x,y]) = g([x,y])e_1 + g([x,y])e_2 = 0$$

现在定义一个映射 $\delta : \mathfrak{A} \to \mathfrak{A}$ 为

$$\delta(x) = \psi(x) - g(x) \tag{2-13}$$

显然，$\delta([x,y]) = [\delta(x), y] + [x, \delta(y)]$ 且 $\delta(e_1) \in Z(\mathfrak{A})$。

引理 2.8　设 δ 满足注 2.3 的条件，$i \in \{1,2\}$，则 δ 是 $\mathfrak{A}_{ii}$ 上的可加导子。

证明　设 $a, c \in \mathfrak{A}_{11}$ 和 $m \in \mathfrak{A}_{12}$，由引理 2.5（1）可得

$$\delta(acm) = \delta(ac)m + ac\delta(m) \tag{2-14}$$

和

$$\delta((a+c)m) = \delta(a+c)m + (a+c)\delta(m) \tag{2-15}$$

由引理 2.5（1）和引理 2.7（1）可得

$$\delta(acm) = \delta(a)cm + a\delta(cm) = \delta(a)cm + a\delta(c)m + ac\delta(m) \tag{2-16}$$

和

$$\delta((a+c)m) = \delta(am) + \delta(cm) = \delta(a)m + a\delta(m) + \delta(c)m + c\delta(m) \tag{2-17}$$

从而对任意的 $m \in \mathfrak{A}_{12}$，由式（2-14）～式（2-17）可得

$$(\delta(ac) - \delta(a)c - a\delta(c))m = 0$$

和

$$(\delta(a+c) - \delta(a) - \delta(c))m = 0$$

注意 $\mathfrak{A}_{12}$ 是一个忠实的左 $\mathfrak{A}_{11}$-模，从而对任意的 $a, c \in \mathfrak{A}_{11}$，有

$$\delta(ac) = \delta(a)c + a\delta(c) \text{和} \delta(a+c) = \delta(a) + \delta(c)$$

因此 δ 是 $\mathfrak{A}_{11}$ 上的可加导子。类似可证 δ 也是 $\mathfrak{A}_{22}$ 上的可加导子。证毕。

现在我们来证明主要定理。

定理 2.1 的证明　由 ψ 和 δ 的定义可知，对任意的 $x\in\mathfrak{A}$，有

$$\phi(x)=\psi(x)+h(x)=\delta(x)+g(x)+h(x)=\delta(x)+f(x)$$

其中 $f=g+h$ 是从 $\mathfrak{A}$ 到 $Z(\mathfrak{A})$ 的映射，并且使得换位子的值为零。由式（2-12）和式（2-13）可知对任意的 $x\in\mathfrak{A}$ $(1\leqslant i\leqslant j\leqslant 2)$，有 $\delta(e_ixe_j)=e_i\delta(x)e_j$。从而对任意的 $a\in\mathfrak{A}_{11}$，$m\in\mathfrak{A}_{12}$ 和 $b\in\mathfrak{A}_{22}$，有

$$\delta(a+m+b)=\delta(a)+\delta(m)+\delta(b) \tag{2-18}$$

设 $x,y\in\mathfrak{A}$，则有 $x=a+m+b$ 和 $y=c+n+d$，其中 $a,c\in\mathfrak{A}_{11},m,n\in\mathfrak{A}_{12}$，$b,d\in\mathfrak{A}_{22}$。由式（2-18），引理 2.7（1）和引理 2.8 可得

$$\begin{aligned}\delta(x+y)&=\delta(a+c)+\delta(m+n)+\delta(b+d)\\&=\delta(a)+\delta(c)+\delta(m)+\delta(n)+\delta(b)+\delta(d)\\&=\delta(x)+\delta(y)\end{aligned}$$

从而由此式、引理 2.4、引理 2.5 和引理 2.8 可得

$$\begin{aligned}\delta(xy)&=\delta(ac)+\delta(an)+\delta(md)+\delta(bd)\\&=\delta(a)c+a\delta(c)+\delta(a)n+a\delta(n)+\delta(m)d+m\delta(d)+\delta(b)d+b\delta(d)\\&=(\delta(a)+\delta(m)+\delta(b))y+x(\delta(c)+\delta(n)+\delta(d))\\&=\delta(x)y+x\delta(y)\end{aligned}$$

由此证明了 $\phi(=\delta+f)$ 是一个可加的导子 δ 和一个使换位子的值为零的中心值映射 f 的和。证毕。

例 2.1 说明存在线性 Lie 导子但不是一个可加的导子和一个使换位子的值为零的中心值映射的和。

例 2.1[16]　设 $A=B=\left\{\begin{pmatrix}t & a\\0 & t\end{pmatrix}:t,a\in R\right\}$ 且 $M=T_2(R)$，映射

$$L:\begin{pmatrix}t & a & x & y\\0 & t & 0 & z\\0 & 0 & s & b\\0 & 0 & 0 & s\end{pmatrix}\to\begin{pmatrix}0 & b & z & 0\\0 & 0 & 0 & x\\0 & 0 & 0 & a\\0 & 0 & 0 & 0\end{pmatrix}$$

是$\mathfrak{A}$上的 Lie 导子，但不是一个导子与一个中心值映射的和。

以下给出定理 2.1 在两类特殊的三角代数：块上三角矩阵代数和套代数上的应用。

设R是有单位元的可交换环，$M_{n\times k}(R)$是R上的所有$n\times k$阶矩阵之集。对$n\geqslant 2$和$m\leqslant n$，块上三角矩阵代数$T_n^{\bar{k}}(R)$是$M_n(R)$的子代数，其形式为

$$\begin{pmatrix} M_{k_1}(R) & M_{k_1\times k_2}(R) & \cdots & M_{k_1\times k_m}(R) \\ 0 & M_{k_2}(R) & \cdots & M_{k_2\times k_m}(R) \\ \vdots & \vdots & & \vdots \\ 0 & 0 & \cdots & M_{k_m}(R) \end{pmatrix}$$

其中，$\bar{k}=(k_1,k_2,\cdots,k_m)$使得$k_1+k_2+\cdots+k_m=n$。

设X是实数域或复数域$\mathbb{F}$上的 Banach 空间，X上的套$\mathbf{N}$是X的一列闭子空间列包含$\{0\}$和X并且在交和闭线性张的运算下是封闭的。如果$\mathbf{N}=\{0,X\}$，则称套$\mathbf{N}$是平凡套。相应的套代数为$\tau(\mathbf{N})$，$\tau(\mathbf{N})$是包含使得$\mathbf{N}$不变的所有有界线性算子的弱闭的算子代数，即

$$\tau(\mathbf{N})=\{T\in B(X):TN\subseteq N, \text{对任意的} N\in\mathbf{N}\}$$

如果X是一个 Hilbert 空间，则每一个平凡的套代数都是一个三角代数。然而，对于一般的 Banach 空间X上的套$\mathbf{N}$，当$N\in\mathbf{N}$，N不一定是完备的。有关套代数的进一步的理论见文献[12]。

显然一个有限维空间上的每一个非平凡的套代数同构于一个块上三角矩阵代数。由定理 2.1 和文献[17-18]的结果可得以下推论。

推论 2.1　设$T_n^{\bar{k}}(R)$是块上三角矩阵代数，$\phi:T_n^{\bar{k}}(R)\to T_n^{\bar{k}}(R)$是非线性 Lie 导子。则对任意的$A=(a_{ij})\in T_n^{\bar{k}}(R)$，存在$T\in T_n^{\bar{k}}(R)$，一个可加导子$\alpha:R\to R$和一个使换位子值为零的映射$f:T_n^{\bar{k}}(R)\to R$，使得$\phi(A)=AT-TA+A_\alpha+f(A)I_n$，其中$A_\alpha=(\alpha(a_{ij}))$，$I_n$是$T_n^{\bar{k}}(R)$的单位元。

对无限维的情形，有以下推论。

推论 2.2　设X是实数域或复数域$\mathbb{F}$上的无限维 Banach 空间，$\mathbf{N}$是X上的一个套且包含一个在X里是完备的非平凡元。若$\phi:\tau(\mathbf{N})\to\tau(\mathbf{N})$是一个非线性 Lie 导子，则对任意的$A,B\in\tau(\mathbf{N})$，存在$T\in\tau(\mathbf{N})$和一个函数$f:\tau(\mathbf{N})\to\mathbb{F}$满足$f([A,B])=0$使得对任意的$A\in\tau(\mathbf{N})$有$\phi(A)=AT-TA+f(A)I$。

证明 设$N\in\mathbf{N}$是一个完备元，则对某些闭子空间M有$X=N+M$。设$\mathbf{N}_1=\{N'\bigcap N:N'\in\mathbf{N}\}$和$\mathbf{N}_2=\{N'\bigcap M:N'\in\mathbf{N}\}$。则

$$\tau(\mathbf{N})=\begin{pmatrix}\tau(\mathbf{N}_1) & B(M,N)\\ 0 & \tau(\mathbf{N}_2)\end{pmatrix}$$

是一个三角代数满足定理 2.1 的条件，从而对任意的$A\in\tau(\mathbf{N})$，存在一个$\tau(\mathbf{N})$上的可加的导子δ和一个使换位子值为零的函数$f:\tau(\mathbf{N})\to\mathbb{F}$，使得$\phi(A)=\delta(A)+f(A)I$。由文献[19-20]可知，$\delta$是一个线性的导子，从而对任意的$A\in\tau(\mathbf{N})$，存在$T\in\tau(\mathbf{N})$使得$\delta(A)=AT-TA$。因此对任意的$A\in\tau(\mathbf{N})$，有$\phi(A)=AT-TA+f(A)I$。证毕。

§2.3 三角代数上的非线性保Lie积的映射[21]

本节主要证明以下定理。

定理 2.2 设$\mathfrak{A}=\mathrm{Tri}(A,M,B)$是三角代数，$V=\mathrm{Tri}(C,N,D)$是正规三角代数。如果对任意$x,y\in\mathfrak{A}$，映射$\varphi:\mathfrak{A}\to V$是双射且满足：

$$\varphi([x,y])=[\varphi(x),\varphi(y)]$$

则φ是一个模中心的可加映射。

为了证明定理，需要以下引理。

引理 2.9 设$V=\mathrm{Tri}(C,N,D)$是一个正规三角代数，$v_0\in V$。则对任意的$v\in V$，若$[v_0,[v_0,v]]=[v_0,v]$成立，当且仅当存在一个元素$z_0\in Z(V)$和一个可逆元$u\in V$使得以下结论之一成立。

（1）存在幂等元$e_0\in C$满足$(1_C-e_0)Ce_0=0$使得

$$uv_0u^{-1}=\begin{pmatrix}e_0 & 0\\ 0 & 0\end{pmatrix}+z_0$$

（2）存在幂等元$e_0\in D$满足$(1_D-e_0)De_0=0$使得

$$uv_0u^{-1}=\begin{pmatrix}1_C & 0\\ 0 & e_0\end{pmatrix}+z_0$$

证明　如果 $v_0 \in V$ 满足（1）或（2），很容易验证对任意的 $v \in V$ 有

$$[v_0,[v_0,v]]=[v_0,v] \tag{2-19}$$

反之，设 $v_0=\begin{pmatrix} c_0 & n_0 \\ 0 & d_0 \end{pmatrix}$ 和 $v=\begin{pmatrix} c & n \\ 0 & d \end{pmatrix}$，则由式（2-19）可知对任意的 $c \in C$ 和 $d \in D$ 有

$$[c_0,[c_0,c]]=[c_0,c],[d_0,[d_0,d]]=[d_0,d] \tag{2-20}$$

对任意的 $(c,n,d) \in C \times N \times D$，有

$$H(c,n,d)=c_0 H(c,n,d)-H(c,n,d)d_0+n_0[d_0,d]-[c_0,c]n_0 \tag{2-21}$$

其中，$H(c,n,d)=c_0 n-nd_0+n_0 d-cn_0$。在式（2-21）中取 $c=0$ 和 $d=0$，则对任意的 $n \in N$，有

$$c_0 n-nd_0=c_0^2 n-2c_0 nd_0+nd_0^2 \tag{2-22}$$

在式（2-21）中取 $c=0$，$n=0$ 和 $d=1_D$，则有

$$n_0=c_0 n_0-n_0 d_0 \tag{2-23}$$

在式（2-22）中用 cn 代替 n，则有

$$c_0 cn-cnd_0=c_0^2 cn-2c_0 cnd_0+cnd_0^2 \tag{2-24}$$

另外，由式（2-22）有

$$cc_0 n-cnd_0=cc_0^2 n-2cc_0 nd_0+cnd_0^2 \tag{2-25}$$

从而由式（2-24）和式（2-25）可得

$$2[c_0,c]nd_0=[c_0^2-c_0,c]n \tag{2-26}$$

在式（2-26）中用 nd 代替 n，有

$$2[c_0,c]ndd_0=[c_0^2-c_0,c]nd \tag{2-27}$$

另外，由式（2-26）有

$$2[c_0,c]nd_0 d=[c_0^2-c_0,c]nd \tag{2-28}$$

从而由式（2-27）和式（2-28）可知，对任意的$(c,n,d)\in C\times N\times D$，有

$$[c_0,c]n[d_0,d]=0$$

由此可得$c_0\in Z(C)$或$d_0\in Z(D)$。

如果 $d_0\in Z(D)=\pi_D(Z(V))$，则$z_0=\begin{pmatrix}\tau^{-1}(d_0) & 0\\ 0 & d_0\end{pmatrix}\in Z(V)$。记$e_0=c_0-\tau^{-1}(d_0)$，则有$v_0-z_0=\begin{pmatrix}e_0 & n_0\\ 0 & 0\end{pmatrix}$满足式（2-19），从而由式（2-22）可得对任意的$n\in N$，有$(e_0^2-e_0)n=0$。由此式和式（2-20）可得e_0是C的一个幂等元且$(1_C-e_0)Ce_0=0$。设$u=\begin{pmatrix}1_C & n_0\\ 0 & 1_D\end{pmatrix}$。显然$u$是$V$的可逆元且$u^{-1}=\begin{pmatrix}1_C & -n_0\\ 0 & 1_D\end{pmatrix}$。则由式（2-23）有

$$\begin{aligned}uv_0u^{-1}&=\begin{pmatrix}1_C & n_0\\ 0 & 1_D\end{pmatrix}\begin{pmatrix}e_0 & n_0\\ 0 & 0\end{pmatrix}\begin{pmatrix}1_C & -n_0\\ 0 & 1_D\end{pmatrix}+z_0\\&=\begin{pmatrix}e_0 & \tau^{-1}(d_0)n_0-n_0d_0\\ 0 & 0\end{pmatrix}+z_0=\begin{pmatrix}e_0 & 0\\ 0 & 0\end{pmatrix}+z_0\end{aligned}$$

如果$c_0\in Z(C)=\pi_C(Z(V))$，则$z_0=\begin{pmatrix}c_0-1_C & 0\\ 0 & \tau(c_0)-1_D\end{pmatrix}\in Z(V)$。记$e_0=1_D+d_0-\tau(c_0)$，则有$v_0-z_0=\begin{pmatrix}1_C & n_0\\ 0 & e_0\end{pmatrix}$满足式（2-19），故由式（2-22）可知对任意的$n\in N$，有$n(e_0^2-e_0)=0$。由此式和式（2-20）可得e_0是D的一个幂等元且$(1_D-e_0)De_0=0$。则由式（2-23）有

$$\begin{aligned}uv_0u^{-1}&=\begin{pmatrix}1_C & n_0\\ 0 & 1_D\end{pmatrix}\begin{pmatrix}1_C & n_0\\ 0 & e_0\end{pmatrix}\begin{pmatrix}1_C & -n_0\\ 0 & 1_D\end{pmatrix}+z_0\\&=\begin{pmatrix}1_C & c_0n_0-n_0\tau(c_0)\\ 0 & e_0\end{pmatrix}+z_0=\begin{pmatrix}1_C & 0\\ 0 & e_0\end{pmatrix}+z_0\end{aligned}$$

证毕。

引理 2.10　设$\mathfrak{A}$和V是两个代数，$\varphi:\mathfrak{A}\to V$是非线性保 Lie 积的双射。则对任意的$u\in\mathfrak{A}$和$z\in Z(\mathfrak{A})$，有$\varphi(0)=0$，$\varphi(Z(\mathfrak{A}))=Z(V)$和$\varphi(u)+\varphi(z-u)\in Z(V)$。

证明　很容易验证$\varphi(0)=0$和$\varphi(Z(\mathfrak{A}))=Z(V)$。设$u\in\mathfrak{A}$和$z\in Z(\mathfrak{A})$，则由$[u,y]=[y,z-u]$可得对任意的$y\in\mathfrak{A}$，有

$$[\varphi(u),\varphi(y)]=[\varphi(y),\varphi(z-u)]=-[\varphi(z-u),\varphi(y)]$$

由 φ 是满射可得 $\varphi(u)+\varphi(z-u)\in Z(V)$。证毕。

以下假设 $\mathfrak{A}=\mathrm{Tri}(A,M,B)$ 是一个三角代数，$V=\mathrm{Tri}(C,N,D)$ 是一个正规三角代数，$\varphi:\mathfrak{A}\to V$ 是一个非线性保 Lie 积的双射。

注 2.4　对任意的 $u\in\mathfrak{A}$，由 $[e_1,[e_1,u]]=[e_1,u]$，可得 $[\varphi(e_1),[\varphi(e_1),\varphi(u)]]=[\varphi(e_1),\varphi(u)]$，从而由引理 2.9，存在 V 的非平凡的幂等元 $f_1=\begin{pmatrix} e_0 & 0 \\ 0 & 0 \end{pmatrix}$ 或 $f_1=\begin{pmatrix} 1_C & 0 \\ 0 & e_0 \end{pmatrix}$，$V$ 的可逆元 v 和元素 $z_1\in Z(V)$ 使得 $v\varphi(e_1)v^{-1}=z_1+f_1$。因此由引理 2.10 可知，存在 $z_2\in Z(V)$，使得 $v\varphi(e_2)v^{-1}=z_2+f_2$ 且对 V 的单位元 1 有 $f_2+f_1=1$。故不失一般性可假设 $\varphi(e_i)=z_i+f_i$，$i=1,2$。由引理 2.9 很容易验证 $f_2Vf_1=0$。记 $V_{ij}=f_iVf_j$ $(1\leqslant i\leqslant j\leqslant 2)$ $V_{ij}=f_iVf_j(1\leqslant i\leqslant j\leqslant 2)$，则 $V=V_{11}+V_{12}+V_{22}$ 且有以下引理。

引理 2.11　$\varphi(\mathfrak{A}_{12})=V_{12}$。

证明　对任意的 $x\in\mathfrak{A}_{12}$，由 $x=[[e_1,x],e_2]$ 有

$$\varphi(x)=[[f_1,\varphi(x)],f_2]=f_1\varphi(x)f_2\in V_{12}$$

因此 $\varphi(\mathfrak{A}_{12})\subseteq V_{12}$。对 φ^{-1} 用同样的方法可证反包含关系也成立，故所证等式成立。证毕。

引理 2.12　V_{12} 是一个忠实的左 V_{11}-模也是一个忠实的右 V_{22}-模。

证明　设对任意的 $n\in V_{12}$，存在 $a\in V_{11}$ 满足 $an=0$。则

$$[\varphi^{-1}(a),\varphi^{-1}(n)]=\varphi^{-1}([a,n])=\varphi^{-1}(0)=0$$

由引理 2.11 可知对任意的 $m\in\mathfrak{A}_{12}$，有 $[\varphi^{-1}(a),m]=0$，从而由文献[15]的引理 2.1 有 $\varphi^{-1}(a)\in\mathfrak{A}_{12}+Z(\mathfrak{A})$。从而由引理 2.10 和引理 2.11 可得

$$a=\varphi(\varphi^{-1}(a))\in\varphi(\mathfrak{A}_{12}+Z(\mathfrak{A}))\subseteq V_{12}+Z(V)$$

故由此式可得 $a\in Z(V)$。由注 2.4 可以看出，

$$f_1=\begin{pmatrix} e_0 & 0 \\ 0 & 0 \end{pmatrix} \text{或} f_1=\begin{pmatrix} 1_C & 0 \\ 0 & e_0 \end{pmatrix}$$

如果 $f_1=\begin{pmatrix} e_0 & 0 \\ 0 & 0 \end{pmatrix}$，则存在 $c\in C$ 使得 $a=\begin{pmatrix} c & 0 \\ 0 & 0 \end{pmatrix}$。因为 $a\in Z(V)$，所以有 $c=\tau^{-1}(0)=$

0。因此 $a=0$。如果 $f_1=\begin{pmatrix}1_C & 0\\ 0 & e_0\end{pmatrix}$，则

$$V_{12}=\begin{pmatrix}0 & N(1_D-e_0)\\ 0 & e_0D(1_D-e_0)\end{pmatrix}$$

因为 $a\in Z(V)$，所以存在 $c\in C$ 使得 $a=\begin{pmatrix}c & 0\\ 0 & \tau(c)\end{pmatrix}$。从而由 $aV_{12}=0$ 可得 $cN(1_D-e_0)=0$。由此可得 $c=0$，因此 $a=0$。故 V_{12} 是一个忠实的左 V_{11}-模。类似可证 V_{12} 是一个忠实的右 V_{22}-模。证毕。

引理 2.13　设 $v\in V$，则 $v\in V_{12}+Z(V)$，当且仅当对任意的 $n\in V_{12}$，有 $[v,n]=0$。

证明　如果 $v\in V_{12}+Z(V)$，显然对任意的 $n\in V_{12}$ 有 $[v,n]=0$。反之，如果对任意的 $n\in V_{12}$ 有 $[v,n]=0$，则对任意的 $n\in V_{12}$ 有

$$f_1vf_1n=nf_2vf_2 \tag{2-29}$$

从而由引理 2.12 有

$$f_1vf_1\in Z(V_{11})\text{且 } f_2vf_2\in Z(V_{22}) \tag{2-30}$$

设 $u\in V$ 是任意的元，则 $u=a+n+b$，其中 $a\in V_{11}$，$n\in V_{12}$ 和 $b\in V_{22}$。故由式（2-29）和式（2-30）可得

$$(f_1vf_1+f_2vf_2)u=u(f_1vf_1+f_2vf_2)$$

由此式可得 $f_1vf_1+f_2vf_2\in Z(V)$。因此

$$v=f_1vf_2+(f_1vf_1+f_2vf_2)\in V_{12}+Z(V)$$

证毕。

引理 2.14　（1）对任意的 $a\in\mathfrak{A}_{11}$ 和 $m\in\mathfrak{A}_{12}$，有 $\varphi(a+m)-\varphi(a)-\varphi(m)\in Z(V)$；

（2）对任意的 $m\in\mathfrak{A}_{12}$ 和 $b\in\mathfrak{A}_{22}$，有 $\varphi(m+b)-\varphi(m)-\varphi(b)\in Z(V)$；

（3）对任意的 $m,n\in\mathfrak{A}_{12}$，有 $\varphi(m+n)=\varphi(m)+\varphi(n)$；

（4）对任意的 $a,c\in\mathfrak{A}_{11}$，有 $\varphi(a+c)-\varphi(a)-\varphi(c)\in Z(V)$；

（5）对任意的 $b,d\in\mathfrak{A}_{22}$，有 $\varphi(b+d)-\varphi(b)-\varphi(d)\in Z(V)$；

（6）对任意的 $a\in\mathfrak{A}_{11}$ 和 $b\in\mathfrak{A}_{22}$，有 $\varphi(a+b)-\varphi(a)-\varphi(b)\in Z(V)$。

证明　（1）设 $a\in\mathfrak{A}_{11}$，$m,n\in\mathfrak{A}_{12}$，则对任意的 $n\in\mathfrak{A}_{12}$，由 $[a+m,n]=[a,n]$ 可得

$$[\varphi(a+m)-\varphi(a),\varphi(n)]=0$$

由引理 2.11 和引理 2.13 可得

$$\varphi(a+m)-\varphi(a)\in V_{12}+Z(V)$$

由此式可得

$$\varphi(a+m)-\varphi(a)-f_1(\varphi(a+m)-\varphi(a))f_2\in Z(V) \tag{2-31}$$

因为$[[e_1,a+m],e_2]=m$ 和$[[e_1,a],e_2]=0$，所以有 $f_1\varphi(a+m)f_2=\varphi(m)$ 和 $f_1\varphi(a)f_2=0$。因此由式（2-31）可得，$\varphi(a+m)-\varphi(a)-\varphi(m)\in Z(V)$。

类似地，能证明（2）。

（3）设$m,n\in\mathfrak{A}_{12}$，则$m+n=[e_1+m,e_2+n]$，所以由（1）和（2）的结果可得

$$\varphi(m+n)=[\varphi(e_1+m),\varphi(e_2+n)]=[f_1+\varphi(m),f_2+\varphi(n)]$$

由此式和引理 2.11 可知对任意的$m,n\in\mathfrak{A}_{12}$有$\varphi(m+n)=\varphi(m)+\varphi(n)$。

（4）设$a,c\in\mathfrak{A}_{11}$和$m\in\mathfrak{A}_{12}$，则$[a+c,m]=am+cm$，从而由（3）的结果可知

$$\begin{aligned}[\varphi(a+c),\varphi(m)]&=\varphi(am)+\varphi(cm)=\varphi([a,m])+\varphi([c,m])\\&=[\varphi(a)+\varphi(c),\varphi(m)]\end{aligned}$$

因此对任意的$m\in\mathfrak{A}_{12}$，有$[\varphi(a+c)-\varphi(a)-\varphi(c),\varphi(m)]=0$。从而由引理 2.11 和引理 2.13 有

$$\varphi(a+c)-\varphi(a)-\varphi(c)\in V_{12}+Z(V) \tag{2-32}$$

由$[[e_1,U_{11}],e_2]=0$，有 $f_1\varphi(\mathfrak{A}_{11})f_2=0$。因此，

$$f_1(\varphi(a+c)-\varphi(a)-\varphi(c))f_2=0$$

由此式和式（2-32）可得

$$\varphi(a+c)-\varphi(a)-\varphi(c)\in Z(V)$$

类似地，能证明（5）。

（6）设$a\in\mathfrak{A}_{11}$和$b\in\mathfrak{A}_{22}$。则对任意的$m\in\mathfrak{A}_{12}$有$[a+b,m]=am-mb$，从而由（3）可知，

$$[\varphi(a+b),\varphi(m)]=\varphi(am)+\varphi(-mb)=\varphi([a,m])+\varphi([b,m])$$
$$=[\varphi(a)+\varphi(b),\varphi(m)]$$

即对任意的 $m\in\mathfrak{A}_{12}$ 有 $[\varphi(a+b)-\varphi(a)-\varphi(b),\varphi(m)]=0$ 。从而由引理 2.11 和引理 2.13 有

$$\varphi(a+b)-\varphi(a)-\varphi(b)\in Z(V)$$

证毕。

引理 2.15　对任意的 $a\in\mathfrak{A}_{11}, m\in\mathfrak{A}_{12}$ 和 $b\in\mathfrak{A}_{22}$，有 $\varphi(a+m+b)-\varphi(a)-\varphi(m)-\varphi(b)\in Z(V)$。

证明　设 $a\in\mathfrak{A}_{11}, m\in\mathfrak{A}_{12}$ 和 $b\in\mathfrak{A}_{22}$，则对任意的 $n\in\mathfrak{A}_{12}$，有 $[a+m+b,n]=[a+b,n]$，故由引理 2.14（6）有

$$[\varphi(a+m+b),\varphi(n)]=[\varphi(a+b),\varphi(n)]=[\varphi(a)+\varphi(b),\varphi(n)]$$

从而由引理 2.11、引理 2.13 和 $f_1(\varphi(a)+\varphi(b))f_2=0$，有

$$\varphi(a+m+b)-\varphi(a)-\varphi(b)-f_1\varphi(a+m+b)f_2\in Z(V)\tag{2-33}$$

因为 $m=[[e_1,a+m+b],e_2]$，所以 $\varphi(m)=f_1\varphi(a+m+b)f_2$，故由式（2-33）可得

$$\varphi(a+m+b)-\varphi(a)-\varphi(m)-\varphi(b)\in Z(V)$$

证毕。

现在来证定理 2.2。

定理 2.2 的证明　设 $x,y\in\mathfrak{A}$，则对一些 $a,c\in\mathfrak{A}_{11},m,n\in\mathfrak{A}_{12}$ 和 $b,d\in\mathfrak{A}_{22}$ 有 $x=a+m+b$ 和 $y=c+n+d$ 。由引理 2.15 可得

$$\varphi(x+y)-(\varphi(a+c)+\varphi(m+n)+\varphi(b+d))\in Z(V)$$

和

$$\varphi(x)+\varphi(y)-(\varphi(a)+\varphi(m)+\varphi(b))-(\varphi(c)+\varphi(n)+\varphi(d))\in Z(V)$$

由此式和引理 2.14 可知对任意的 $x,y\in\mathfrak{A}$，有 $\varphi(x+y)-\varphi(x)-\varphi(y)\in Z(V)$。证毕。

在这一部分我们主要运用定理 2.2 来研究套代数上的非线性保 Lie 积的双射。

设 H 是复的可分 Hilbert 空间。H 上的套 M 是 $B(H)$ 的一族全序的正交投影在强算子拓扑下是闭的且包含 0 和 I。显然，$M^{\perp}=\{I-P:P\in M\}$ 也是 H 上的套。一

个套被说成是非平凡的如果它至少包含一个非平凡的投影。与套 M 有关的套代数表示为 $\tau(M)$，是集合

$$\tau(M)=\{T\in B(H):PTP=TP,\ \text{其中}P\in M\}$$

设 $Q\in M\cup M^{\perp}$ 是一个投影，则 $M|_{Q}=\{PQ:P\in M\}$ 是 QH 上的套。很容易验证 $\tau(M|_{Q})=Q\tau(M)Q$ 和 $\tau(M^{\perp})=\tau(M)^{*}$。设 $\varepsilon(M)$ 表示 $\tau(M)$ 的所有幂等元之集。$\varepsilon(M)$ 的线性张在 $\tau(M)$ 里是弱稠的且 $\tau(M)$ 的换位子是 $\mathbb{C}I$。对 $E\in\varepsilon(M)$，用 $[E]$ 表示从 H 到 E 的值域上的正交投影。设 $E_1,E_2\in\varepsilon(M)$。如果 $E_1E_2=E_2E_1=E_1$，则称 $E_1\leqslant E_2$。如果 $E_1\leqslant E_2$ 且 $E_1\neq E_2$，则称 $E_1<E_2$。

定理 2.3　设 M，N 是复的可分 Hilbert 空间 H 上的两个套，对应的套代数分别为 $\tau(M)$ 和 $\tau(N)$，$\phi:\tau(M)\to\tau(N)$ 是一个保 Lie 积的双射。则对任意的 $A,B\in\tau(M)$，有一个映射 $h:\tau(M)\to\mathbb{C}I$ 满足 $h([A,B])=0$ 使得以下结论之一成立。

（1）存在可加的同构 $\varphi:\tau(M)\to\tau(N)$，使得对任意的 $A\in\tau(M)$，有 $\phi(A)=\varphi(A)+h(A)$；

（2）存在可加的反同构 $\varphi:\tau(M)\to\tau(N)$，使得对任意的 $A\in\tau(M)$，有 $\phi(A)=-\varphi(A)+h(A)$。

为了证明定理 2.3，需要以下一些引理。

引理 2.16[22]　设 M 是一个套且 $A\in\tau(M)$，则

（1）A 是一个数和一个幂等元的和当且仅当对任意的 $X\in\tau(M)$，有 $[A,[A,[A,X]]]=[A,X]$。

（2）A 是一个数和一个值域属于 M 的幂等元的和，当且仅当对任意的 $X\in\tau(M)$，有 $[A,[A,X]]=[A,X]$。

假设 M,N 是非平凡的套，$\phi:\tau(M)\to\tau(N)$ 是一个非线性保 Lie 积的双射。

在 M 里选择一个非平凡的投影 P_1，令 $P_2=I-P_1$，则由引理 2.16（2）可知存在 $\lambda_1,\lambda_2\in\mathbb{C}$ 和幂等元 $F_1,F_2\in\tau(N)$ 满足 $[F_1]\in N$ 和 $F_1+F_2=I$，使得 $\phi(P_i)=\lambda_iI+F_i$，$i=1,2$。设 $Q_1=[F_1]$，$Q_2=I-Q_1$ 和 $S=I+Q_1F_1Q_2$，则 S 是 $\tau(N)$ 里的可逆元且 $SF_iS^{-1}=Q_i$，$i=1,2$。因此，不失一般性，假设 $\phi(P_i)=\lambda_iI+Q_i$，$i=1,2$。记 $A_{ij}=P_i\tau(M)P_j$ 和 $B_{ij}=Q_i\tau(N)Q_j$，$1\leqslant i\leqslant j\leqslant 2$。显然 $\tau(M)=A_{11}+A_{12}+A_{22}$ 和 $\tau(N)=B_{11}+B_{12}+B_{22}$。

引理 2.17　如果 $E=E^2\in\tau(M)$，则 $\phi(E)=\lambda_EI+F$，其中 $\lambda_E\in\mathbb{C}$ 且 $F\in\tau(N)$ 是一个幂等元。如果 E 是非平凡的，则数 λ_E 和幂等元 F 能唯一确定。

证明 因为$E=E^2\in\tau(M)$，则对任意的$X\in\tau(M)$，有$[E,[E,[E,X]]]=[E,X]$。故有

$$[\phi(E),[\phi(E),[\phi(E),\phi(X)]]]=[\phi(E),\phi(X)]$$

从而由引理 2.16（1），对一些数$\lambda_E\in\mathbb{C}$和幂等元$F\in\tau(N)$，有$\phi(E)=\lambda_E I+F$。如果E是一个非平凡的幂等元，则F也是一个非平凡的幂等元。否则，若$F=0$或$F=I$，则$\phi(E)\in\mathbb{C}I$，从而由引理 2.10，对一些$\lambda\in\mathbb{C}$，有$E=\lambda I$，则由$E=E^2$可证得$E=0$或$E=I$，与已知矛盾。如果E是非平凡的幂等元且$\phi(E)=\lambda_E I+F=\alpha_E I+G$，其中$\lambda_E,\alpha_E\in\mathbb{C}$且$F,G$是$\tau(N)$的幂等元，则$F,G$是非平凡的幂等元且$(\lambda_E-\alpha_E)I+F=G$。因此，

$$\{\lambda_E-\alpha_E,\lambda_E-\alpha_E+1\}=\sigma((\lambda_E-\alpha_E)I+F)=\sigma(G)=\{0,1\}$$

由此可得$\lambda_E=\alpha_E$，故$F=G$。因此数λ_E和幂等元F是唯一确定的。证毕。

现在定义一个映射

$$\tilde{\phi}:\varepsilon(M)\setminus\{0,I\}\to\varepsilon(N)\setminus\{0,I\}$$

为$\tilde{\phi}(E)=\phi(E)-\lambda_E I$。由引理 2.17 可知$\tilde{\phi}$是良定的。我们断言$\tilde{\phi}$是一个双射。如果对一些$E_1,E_2\in\varepsilon(M)\setminus\{0,I\}$有$\tilde{\phi}(E_1)=\tilde{\phi}(E_2)$，则$\phi(E_1)-\lambda_{E_1}I=\phi(E_2)-\lambda_{E_2}I$。从而对任意的$X\in\tau(M)$，有

$$\phi([E_1,X])=[\phi(E_1),\phi(X)]=[\phi(E_2),\phi(X)]=\phi([E_2,X])$$

故由ϕ是满射可得对任意的$X\in\tau(M)$，有$[E_1,X]=[E_2,X]$。由此可得对一些$\lambda\in\mathbb{C}$，有$E_1=E_2+\lambda I$。因此，

$$\{0,1\}=\sigma(E_1)=\sigma(E_2+\lambda I)=\{\lambda,\lambda+1\}$$

故$\lambda=0$，从而$\tilde{\phi}$是一个单射。设$F\in\varepsilon(N)\setminus\{0,I\}$由引理 2.17，存在$\alpha_F\in\mathbb{C}$和$E\in\varepsilon(M)\setminus\{0,I\}$使得$\phi^{-1}(F)=\alpha_F I+E$。故$F=\phi(\alpha_F I+E)$。由引理 2.10 有

$$\phi(E)-F=\phi(E)-\phi(\alpha_F I+E)\in\mathbb{C}I$$

则存在$\lambda_E\in\mathbb{C}$，使得$\phi(E)=\lambda_E I+F$。由此可得$\tilde{\phi}$也是一个满射。因此$\tilde{\phi}$是一个双射。

引理 2.18　设 $E_1, E_2 \in \varepsilon(M) \setminus \{0, I\}$ 满足 $E_1 < E_2$，$F_i = \tilde{\phi}(E_i)$，$i = 1,2$，则有 $F_1 < F_2$ 或 $F_2 < F_1$。

证明　首先，因为 $[E_1, E_2] = 0$，则 F_1 和 F_2 是可交换的。由 $E_2 - E_1 \notin \mathbb{C}I$ 可得 $F_2 - F_1 \notin \mathbb{C}I$，特别地，$F_1 \neq F_2$。因为 $E_2 - E_1$ 是 $\tau(M)$ 里的幂等元，由引理 2.17 和定理 2.2 有

$$F_2 - F_1 \in \mathbb{C}I + \varepsilon(N)$$

从而存在 $\lambda \in \mathbb{C}$ 使得 $\sigma(F_2 - F_1) = \{\lambda, \lambda + 1\}$。选择一个同时对角化 F_1 和 F_2 的 Hamel 基。如果 F_1 和 F_2 不是可比较的，则存在 $\lambda \in \mathbb{C}$，有 $\{1, -1\} \subseteq \sigma(F_2 - F_1) = \{\lambda, \lambda + 1\}$，这是不可能的，故 F_1 和 F_2 是可比较的。证毕。

引理 2.19　设 $E_1, E_2, E_3 \in \varepsilon(M) \setminus \{0, I\}$ 满足 $E_1 < E_2 < E_3$ 且 $F_i = \tilde{\phi}(E_i)$，$i = 1,2,3$。

（1）如果 $F_1 < F_2$，则 $F_1 < F_2 < F_3$。

（2）如果 $F_1 > F_2$，则 $F_1 > F_2 > F_3$。

从而映射 $\tilde{\phi}$ 是保序或保逆序的映射。

证明　（1）由引理 2.18，幂等元 F_1，F_2 和 F_3 是互不相同并且是可比较的。因为 $E_1 + E_3 - E_2 \in \varepsilon(M)$，所以由引理 2.17 和定理 2.2 有 $F_1 + F_3 - F_2 \in \mathbb{C}I + \varepsilon(N)$，从而对一些 $\lambda \in \mathbb{C}$，有 $\sigma(F_1 + F_3 - F_2) = \{\lambda, \lambda + 1\}$。如果 $F_1 < F_3 < F_2$ 或 $F_3 < F_1 < F_2$，则有 $\sigma(F_1 + F_3 - F_2) = \{-1, 0, 1\}$。由此矛盾可得（1）成立。类似可证（2）也成立。证毕。

注 2.5　由引理 2.19，可按 ϕ 的保序或保逆序来说明 $\tilde{\phi}$ 是保序或保逆序的。如果 ϕ 是保序的，延拓 $\tilde{\phi}$ 的定义到全体 $\varepsilon(M)$ 为 $\tilde{\phi}(0) = 0$，$\tilde{\phi}(I) = I$；如果 ϕ 是保逆序的，则 $\tilde{\phi}(0) = I$，$\tilde{\phi}(I) = 0$。现在只需讨论 ϕ 是保序的。的确，如果 ϕ 是保逆序，则可定义双射 $\eta: \tau(M^{\perp}) \to \tau(N)$ 为 $\eta(A) = -\phi(A^*)$。很容易验证对任意的 $A, B \in \tau(M^{\perp})$，有 $\eta([A, B]) = [\eta(A), \eta(B)]$ 且 η 是保序的。

以下假设 ϕ 是保序的，$A_{ij} = P_i \tau(M) P_j$，$B_{ij} = Q_i \tau(N) Q_j$ 且 $Q_i = \tilde{\phi}(P_i)$，$1 \leqslant i \leqslant j \leqslant 2$。

引理 2.20　$Q_2 \phi(A_{11}) Q_2 \subseteq \mathbb{C} Q_2$ 且 $Q_1 \phi(A_{22}) Q_1 \subseteq \mathbb{C} Q_1$。

证明　设 $F \in B_{22}$ 是任意的幂等元，则 $Q_1 + F$ 是 $\tau(N)$ 的幂等元且 $Q_1 + F \geqslant Q_1 = \tilde{\phi}(P_1)$。因为 ϕ 是保序的，则存在一个幂等元 $E \in \tau(M)$ 满足 $E \geqslant P_1$，使得 $\phi(E) \in \mathbb{C}I + (Q_1 + F)$。设 $A \in A_{11}$，由 $[A, E] = 0$ 可得

$$[\phi(A), Q_1 + F] = 0$$

由此结果及$[\phi(A),Q_1]=0$的事实可得$[\phi(A),F]=0$，故对套代数$B_{22}=\tau(N|_{Q_2})$里的所有幂等元F有

$$[Q_2\phi(A)Q_2,F]=0$$

因为套代数的所有幂等元在套代数里是弱稠的，则对所有的$A\in A_{11}$，有$Q_2\phi(A)Q_2\in\mathbb{C}Q_2$。类似能证明$Q_1\phi(A_{22})Q_1\subseteq\mathbb{C}Q_1$。证毕。

注 2.6　由引理 2.20 可知，$\phi(A_{ii})+\mathbb{C}I=B_{ii}+\mathbb{C}I$，$i=1,2$。对每一个$X_i\in A_{ii}$，$i=1,2$，定义$f_i(X_i)$是出现在$Q_j\phi(X_i)Q_j\ (j\neq i)$里的数，即

$$f_1(X_1)Q_2=Q_2\phi(X_1)Q_2 \quad 和 \quad f_2(X_2)Q_1=Q_1\phi(X_2)Q_1$$

令$\varphi_i(X_i)=\phi(X_i)-f_i(X_i)I$，$i=1,2$。则$\varphi_i$是从$A_{ii}$到$B_{ii}$的双射。的确，如果对一些$A_i,B_i\in A_{ii}$，有$\varphi_i(A_i)=\varphi_i(B_i)$，则对任意的$X\in\tau(M)$，有

$$\begin{aligned}\phi([A_i,X])&=[\phi(A_i),\phi(X)]=[\varphi_i(A_i),\phi(X)]=[\varphi_i(B_i),\phi(X)]\\&=[\phi(B_i),\phi(X)]=\phi([B_i,X])\end{aligned}$$

由ϕ是单射可知，对任意的$X\in\tau(M)$，有$[A_i,X]=[B_i,X]$。对一些$\alpha_i\in\mathbb{C}$，有$A_i-B_i=\alpha_iI$，所以$\alpha_i=0$。由此可得φ_i是单射。因为$\phi(A_{ii})+\mathbb{C}I=B_{ii}+\mathbb{C}I$，所以对任意的$T_i\in B_{ii}$，存在$S_i\in A_{ii}$和$\alpha_i\in\mathbb{C}$，使得$\phi(S_i)+\alpha_iI=T_i$。从而

$$\alpha_iQ_j=-Q_j\phi(S_i)Q_j=-f_i(S_i)Q_j\ (j\neq i)$$

则$\alpha_i=-f_i(S_i)$，故$\varphi_i(S_i)=\phi(S_i)-f_i(S_i)I=T_i$。由此证明了$\varphi_i$是满射。从而$\varphi_i$是从$A_{ii}$到$B_{ii}(i=1,2)$的双射。

引理 2.21　设φ_i满足注 2.5，则对任意的$X_i,Y_i\in A_{ii}(i=1,2)$，有$\varphi_i(X_iY_i)=\varphi_i(X_i)\varphi_i(Y_i)$。

证明　设$X_1\in A_{11}$和$T\in A_{12}$，则

$$\phi(X_1T)=\phi([X_1,T])=[\phi(X_1),\phi(T)]=\varphi_1(X_1)\phi(T)$$

因此，如果$X_1,Y_1\in A_{11}$，则对任意的$T\in A_{12}$，有

$$\varphi_1(X_1Y_1)\phi(T)=\phi(X_1Y_1T)=\varphi_1(X_1)\phi(Y_1T)=\varphi_1(X_1)\varphi_1(Y_1)\phi(T)$$

故对任意的$X_1,Y_1\in A_{11}$，有

$$\varphi_1(X_1Y_1)=\varphi_1(X_1)\varphi_1(Y_1)$$

类似可证明对任意的 $X_2, Y_2 \in A_{22}$ 有

$$\varphi_2(X_2Y_2) = \varphi_2(X_2)\varphi_2(Y_2)$$

证毕。

注 2.7　设 f_i, φ_i 满足注 2.5。对于每一个 $X \in \tau(M)$，定义 $f(X) = f_1(P_1XP_1) + f_2(P_2XP_2)$。由定理 2.2 可知，对任意的 $X \in \tau(M)$，有

$$\phi(X) - \sum_{1 \leqslant i \leqslant j \leqslant 2} \phi(P_iXP_j) \in \mathbb{C}I$$

现在定义一个函数 $g: M \to \mathbb{C}$ 为

$$g(X)I = \phi(X) - \sum_{1 \leqslant i \leqslant j \leqslant 2} \phi(P_iXP_j)$$

令 $\varphi(X) = \phi(X) - h(X)I$，其中 $h = g + f$。则 $\varphi|_{A_{ii}} = \varphi_i$，$(i = 1, 2)$。

引理 2.22　设 φ 满足注 2.6 的条件，则 φ 是一个可加的双射。

证明　由 φ 的定义可知，对任意的 $X \in \tau(M)$ 及 $1 \leqslant i \leqslant j \leqslant 2$，有 $\varphi(P_iXP_j) = Q_i\varphi(X)Q_j$。因此对任意的 $A_{ij} \in A_{ij}$ 及 $1 \leqslant i \leqslant j \leqslant 2$，有

$$\varphi(A_{11} + A_{12} + A_{22}) = \varphi(A_{11}) + \varphi(A_{12}) + \varphi(A_{22}) \tag{2-34}$$

因为 $h(A_{12}) = f(A_{12}) = 0$，所以 $\varphi(A_{12}) = \phi(A_{12})$，从而对任意的 $A_{12}, B_{12} \in A_{12}$，由引理 2.14（3）可知

$$\varphi(A_{12} + B_{12}) = \varphi(A_{12}) + \varphi(B_{12}) \tag{2-35}$$

由定理 2.2 和 φ 的定义可知对任意的 $A_{ii}, B_{ii} \in A_{ii}$ $(i = 1, 2)$，有

$$\begin{aligned}\varphi(A_{ii} + B_{ii}) - \varphi(A_{ii}) - \varphi(B_{ii}) &= \phi(A_{ii} + B_{ii}) - \phi(A_{ii}) - \phi(B_{ii}) \\ &\quad - h(A_{ii} + B_{ii}) + h(A_{ii}) + h(B_{ii}) \in \mathbb{C}I\end{aligned}$$

由此结果及 $\varphi(A_{ii} + B_{ii}) - \varphi(A_{ii}) - \varphi(B_{ii}) \in B_{ii}$ 可得

$$\varphi(A_{ii} + B_{ii}) = \varphi(A_{ii}) + \varphi(B_{ii}) \tag{2-36}$$

从而由式（2-34）～式（2-36）得到，对任意的 $A, B \in \tau(M)$，有

$$\varphi(A + B) = \varphi(A) + \varphi(B)$$

因为$\varphi|_{A_{ii}}=\varphi_i$且$\varphi_i$是双射，所以$\varphi$把$A_{ii}$满映射到$B_{ii}$，$i=1,2$。由引理2.11可得$\varphi(A_{12})=\phi(A_{12})=B_{12}$。因此$\varphi$是满射。如果$\ker\varphi\neq\{0\}$，设$X\in\ker\varphi$满足$X\neq 0$，则$\phi(X)\in\mathbb{C}I$，从而对一些非零的数$\lambda\in\mathbb{C}$，有$X=\lambda I$。由引理2.21和$\varphi$的可加性可得对任意的$A,B\in A_{11}\oplus A_{22}$，有$\varphi(AB)=\varphi(A)\varphi(B)$。特别地，对任意的$A\in A_{11}\oplus A_{22}$，有

$$\varphi(A)=\varphi(\lambda^{-1}A)\varphi(\lambda I)=0$$

则对任意的$A\in A_{11}\oplus A_{22}$，有$\phi(A)\in\mathbb{C}I$，故$A\in\mathbb{C}I$。产生矛盾。因此φ是可加的双射。证毕。

现在来证明定理2.3。

定理2.3的证明 若M是一个平凡套，则

$$\tau(M)=\tau(N)=B(H)$$

故由文献[23]的结果可知，此定理的结论成立。以下假设M是非平凡套。则由引理2.19可知，ϕ也是保序或保逆序。

如果ϕ是保序的，则由引理2.22可得$\phi=\varphi+h$，其中$\varphi:\tau(M)\to\tau(N)$是一个可加的双射，$h:\tau(M)\to\mathbb{C}I$是一个映射。设$X,Y\in\tau(M)$，则对一些$X_{ij},Y_{ij}\in A_{ij}$有$X=X_{11}+X_{12}+X_{22}$和$Y=Y_{11}+Y_{12}+Y_{22}$。因为$\varphi|_{A_{ii}}=\varphi_i$和$\varphi(A_{12})=\phi(A_{12})=B_{12}$，由引理2.21可得

$$\varphi(XY_{11})=\varphi_1(X_{11}Y_{11})=\varphi(X_{11})\varphi(Y_{11})=\varphi(X)\varphi(Y_{11})$$

$$\varphi(XY_{12})=\phi([X_{11},Y_{12}])=\varphi(X_{11})\varphi(Y_{12})=\varphi(X)\varphi(Y_{12})$$

和

$$\begin{aligned}\varphi(XY_{22})&=\varphi(X_{12}Y_{22})+\varphi(X_{22}Y_{22})=\phi([X_{12},Y_{22}])+\varphi(X_{22})\varphi(Y_{22})\\&=\varphi(X_{12})\varphi(Y_{22})+\varphi(X_{22})\varphi(Y_{22})=\varphi(X)\varphi(Y_{22})\end{aligned}$$

这证明了对任意的$X,Y\in\tau(M)$，有$\varphi(XY)=\varphi(X)\varphi(Y)$。因此$\varphi$是一个从$\tau(M)$到$\tau(N)$的可加同构。

如果ϕ是保逆序的，则映射$\eta:\tau(M^{\perp})\to\tau(N)$被定义为$\eta(X)=-\phi(X^*)$是保序的。由上面的情形可看出$\eta=\rho-h$，其中$\rho$是从$\tau(M^{\perp})$到$\tau(N)$的可加同构。对每一个$X\in\tau(M)$，定义$\varphi(X)=\rho(X^*)$。显然$\varphi$是从$\tau(M)$到$\tau(N)$的可加的反同构，并且对任意的$X\in M$，有$\phi(X)=-\varphi(X)+h(X)$。证毕。

由定理 2.3 和文献[24]的定理 2.1，可得以下推论。

推论 2.3　设 M,N 是无限维复的可分 Hilbert 空间 H 上的套，$\phi:\tau(M)\to\tau(N)$ 是一个保 Lie 积的双射。则存在一个有界可逆的线性或共轭线性算子 $T:H\to H$，对任意的 $A,B\in\tau(M)$，有一个映射 $h:\tau(M)\to\mathbb{C}I$ 满足 $h([A,B])=0$，使得对任意的 $A\in\tau(M)$，有 $\phi(A)=TAT^{-1}+h(A)$ 或对任意的 $A\in\tau(M)$，有 $\phi(A)=-TA^{*}T^{-1}+h(A)$。

现在讨论块上三角矩阵代数上的保 Lie 积映射。设 $M_n(\mathbb{F})$ 是实数或复数域 $\mathbb{F}$ 上的所有 $n\times n$ 矩阵代数。对每一个满足条件 $n_1+n_2+\cdots+n_k=n$ 的正整数有限序列 $n_1,n_2,\cdots,n_k$，考虑具有的所有形式

$$A=\begin{pmatrix} A_{11} & A_{12} & \cdots & A_{1k} \\ 0 & A_{22} & \cdots & A_{2k} \\ \vdots & \vdots & \ddots & \vdots \\ 0 & 0 & \cdots & A_{kk} \end{pmatrix}$$

的所有 $n\times n$ 矩阵代数，其中 A_{ij} 是一个 $n_i\times n_j$ 矩阵，称此代数为在 $M_n(\mathbb{F})$ 里的块上三角矩阵代数。显然，每一个有限维空间上的非平凡的套代数都同构于一个块上三角矩阵代数。由定理 2.3 和文献[25]的定理 4.6，有以下推论。

推论 2.4　设 $A,B\subseteq M_n(\mathbb{F})$ 是块上三角矩阵代数，$\phi:A\to B$ 是双射保 Lie 积的映射。则对任意的 $X,Y\in A$，存在一个可逆矩阵 $T\in M_n(\mathbb{F})$，一个可加的自同构 $\alpha:\mathbb{F}\to\mathbb{F}$ 和一个映射 $h:A\to\mathbb{F}$ 满足 $h([X,Y])=0$，使得对任意的 $A=(a_{ij})\in A$，有 $\phi(A)=TA_{\alpha}T^{-1}+h(A)I_n$ 或对任意的 $A=(a_{ij})\in A$，有 $\phi(A)=-TA_{\alpha}^{t}T^{-1}+h(A)I_n$，其中 $A_{\alpha}=(\alpha(a_{ij}))$，$I_n$ 是 $M_n(\mathbb{F})$ 的单位元，t 表示转置。

§2.4　三角代数上的非线性可交换映射[26]

设 A 是可交换环 R 上的一个代数，$Z(A)$ 为其中心。设 $f:A\to A$ 是一个映射。若对任意的 $\alpha,\beta\in\mathrm{R}$ 及 $x,y\in A$ 有 $f(\alpha x+\beta y)-\alpha f(x)-\beta f(y)\in Z(A)$，则称 f 为 A 上的模中心线性映射（简称模线性映射）。若对任意 $x\in A$ 有 $[f(x),x]=0$，则称 f 为 A 上的可交换映射，这里 $[x,y]=xy-yx$ 为 x 与 y 的 Lie 积。若存在 $a\in Z(A)$ 和映射 $\mu:A\to Z(A)$ 使得对任意 $x\in A$ 有 $f(x)=ax+\mu(x)$，则称 f 为 A 上的真可交换映射。

我们把 $\mathrm{Tri}(A,M,B)$ 中形如 $\begin{pmatrix} a & 0 \\ 0 & b \end{pmatrix}$ 的元表示成 $a\oplus b$。记 $P_1=1_A\oplus 0$ 且 $P_2=$

$0\oplus 1_B$。

引理 2.23[10]　三角代数 $\mathfrak{A}=\mathrm{Tri}(A,M,B)$ 的中心是

$$Z(\mathfrak{A})=\{a\oplus b: am=mb\text{ 对任意的 }m\in M\}$$

并且 $P_1Z(U)P_1\subseteq Z(A)$，$P_2Z(U)P_2\subseteq Z(B)$。从而存在唯一的从 $P_1Z(U)P_1$ 到 $P_2Z(U)P_2$ 的代数同构 τ 使得对任意的 $m\in M$ 有 $am=m\tau(a)$。

命题 2.1　三角代数 $\mathfrak{A}=\mathrm{Tri}(A,M,B)$ 上的模线性可交换映射 L 具有形式：

$$L\begin{pmatrix} a & m \\ 0 & b \end{pmatrix}=\begin{pmatrix} f_1(a)+f_2(m)+f_3(b)+P_1\lambda P_1 & f_1(1)m-mg_1(1) \\ 0 & g_1(a)+g_2(m)+g_3(b)+P_2\lambda P_2 \end{pmatrix}$$

其中，$a\in A,\ b\in B,\ m\in M$，λ 是依赖于 a,m,b 的 $Z(\mathfrak{A})$ 里的元素，$f_1:A\to A$，$g_3:B\to B$ 是模线性可交换映射，$g_1:A\to Z(B)$，$f_2:M\to Z(A)$，$g_2:M\to Z(B)$，$f_3:B\to Z(A)$ 是映射，并且满足以下条件。

（1）对任意 $a\in A$ 和 $m\in M$ 有

$$f_1(a)m-mg_1(a)=a(f_1(1)m-mg_1(1))$$

（2）对任意 $b\in B$ 和 $m\in M$ 有

$$f_3(b)m-mg_3(b)=(f_1(1)m-mg_1(1))b$$

（3）对任意 $m\in M$ 有 $f_2(m)m=mg_2(m)$。

为了证明这个命题，先给出几条性质，这些性质的证明是显然的。

性质　设 $L(a+m+b)=L(a)+L(m)+L(b)+\lambda\ (\lambda\in Z(U))$，则

$f_1(a)=P_1L(a)P_1, f_2(m)=P_1L(m)P_1, f_3(b)=P_1L(b)P_1$，

$g_1(a)=P_2L(a)P_2, g_2(m)=P_2L(m)P_2, g_3(b)=P_2L(b)P_2$，

$h_1(a)=P_1L(a)P_2, h_2(m)=P_1L(m)P_2, h_3(b)=P_1L(b)P_2$，从而

（1）$L(0)\in Z(U)$；

（2）$P_1L(0)P_2=0, P_1\lambda P_2=0$；

（3）$f_i(0)\in Z(A), g_i(0)\in Z(B)(i=1,2,3)$；

（4）$f_i(0)\oplus g_i(0)\in Z(U)$。

命题 2.1 的证明　先来证明 $f_1\in L_{Z(A)}$，$g_3\in L_{Z(B)}$（这里 $L_{Z(A)}, L_{Z(B)}$ 分别表示代数 A 与 B 上的模中心 $Z(A)$ 与 $Z(B)$ 的模线性映射）。

设对任意的 $x, y \in A, \theta_1 \in Z(\mathfrak{A})$ 和 $\alpha, \beta \in \mathbb{C}$，并注意到 L 是模线性的，则

$$
\begin{aligned}
f_1(\alpha x + \beta y) &= P_1 L(\alpha x + \beta y) P_1 = P_1(\alpha L(x) + \beta L(y) + \theta_1) P_1 \\
&= P_1 \alpha L(x) P_1 + P_1 \beta L(y) P_1 + P_1 \theta_1 P_1 \\
&= \alpha f_1(x) + \beta f_1(y) + P_1 \theta_1 P_1
\end{aligned}
$$

因为 $P_1\theta_1 P_1 \in Z(A)$，从而 $f_1 \in L_{Z(A)}$。类似地，能证明 $g_3 \in L_{Z(B)}$。
设

$$
L\begin{pmatrix} a & m \\ 0 & b \end{pmatrix} = \begin{pmatrix} f_1(a) + f_2(m) + f_3(b) + P_1 \lambda P_1 & h_1(a) + h_2(m) + h_3(b) + P_1 \lambda P_2 \\ 0 & g_1(a) + g_2(m) + g_3(b) + P_2 \lambda P_2 \end{pmatrix}
$$

则

$$
L\begin{pmatrix} 1 & 0 \\ 0 & 0 \end{pmatrix} = \begin{pmatrix} f_1(1) + f_2(0) + f_3(0) + P_1 \lambda P_1 & h_1(1) + h_2(0) + h_3(0) + P_1 \lambda P_2 \\ 0 & g_1(1) + g_2(0) + g_3(0) + P_2 \lambda P_2 \end{pmatrix}
$$

由 L 的可交换性和性质（2）知

$$
0 = [L(1 \oplus 0), 1 \oplus 0] = \begin{pmatrix} 0 & -h_1(1) \\ 0 & 0 \end{pmatrix}
$$

故 $h_1(1) = 0$，从而

$$
L\begin{pmatrix} 1 & 0 \\ 0 & 0 \end{pmatrix} = \begin{pmatrix} f_1(1) + f_2(0) + f_3(0) + P_1 \lambda P_1 & 0 \\ 0 & g_1(1) + g_2(0) + g_3(0) + P_2 \lambda P_2 \end{pmatrix}
$$

用 $x + y$ 替换 $[L(x), x] = 0$ 中的 x 得 $[L(x), y] = [x, L(y)]$，从而

$$
\begin{aligned}
[L(a \oplus b), 1 \oplus 0] &= \begin{pmatrix} 0 & -(h_1(a) + h_3(b)) \\ 0 & 0 \end{pmatrix} \\
&= [a \oplus b, L(1 \oplus 0)] \\
&= [a, f_1(1) + f_2(0) + f_3(0) + P_1 \lambda P_1] \\
&\quad \oplus [b, g_1(1) + g_2(0) + g_3(0) + P_2 \lambda P_2]
\end{aligned}
$$

故 $h_1(a) + h_3(b) = 0$。另外，

$$\begin{aligned}[L(a\oplus(-b)),1\oplus 0]&=\begin{pmatrix}0 & -(h_1(a)-h_3(b))\\ 0 & 0\end{pmatrix}\\&=[a\oplus(-b),L(1\oplus 0)]\\&=[a,f_1(1)+f_2(0)+f_3(0)+P_1\lambda P_1]\\&\quad\oplus[g_1(1)+g_2(0)+g_3(0)+P_2\lambda P_2,b]\end{aligned}$$

故 $h_1(a)-h_3(b)=0$，从而 $h_1=0$， $h_3=0$。
类似地，由

$$\begin{aligned}[L(a\oplus 0),0\oplus b]&=0\oplus[g_1(a)+g_2(0)+g_3(0)+P_2\lambda P_2,b]\\&=[a\oplus 0,L(0\oplus b)]\\&=[a,f_1(0)+f_2(0)+f_3(b)+P_1\lambda P_1]\oplus 0\end{aligned}$$

比较元素知
$g_1(a)+g_2(0)+g_3(0)+P_2\lambda P_2\in Z(B)$， $f_1(0)+f_2(0)+f_3(b)+P_1\lambda P_1\in Z(A)$，从而由性质（3）得

$$g_1(a)\in Z(B), f_3(b)\in Z(A)$$

又由性质（3）及上面的结论知

$$\begin{aligned}[L(a\oplus b),a\oplus b]&=[f_1(a)+f_2(0)+f_3(b)+P_1\lambda P_1,a]\\&\quad\oplus[g_1(a)+g_2(0)+g_3(b)+P_2\lambda P_2,b]\\&=[f_1(a),a]\oplus[g_3(b),b]=0\end{aligned}$$

比较元素得

$$[f_1(a),a]=0,\ [g_3(b),b]=0$$

从而 f_1,g_3 都是可交换映射。

设 $m\in M,\hat{m}=\begin{pmatrix}0 & m\\ 0 & 0\end{pmatrix}\in U$，则

$$\begin{aligned}[L(\hat{m}),\hat{m}]=&\begin{pmatrix}0 & (f_1(0)+f_2(m)+f_3(0)+P_1\lambda P_1)m\\ 0 & 0\end{pmatrix}\\&-\begin{pmatrix}0 & m(g_1(0)+g_2(m)+g_3(0)+P_2\lambda P_2)\\ 0 & 0\end{pmatrix}=0\end{aligned}$$

因而 $(f_1(0)+f_2(m)+f_3(0)+P_1\lambda P_1)m=m(g_1(0)+g_2(m)+g_3(0)+P_2\lambda P_2)$。又由性质（4）知 $f_i(0_A)\oplus g_i(0_A)\in Z(\mathfrak{A})\ (i=1,3)$，显然 $P_1\lambda P_1\oplus P_2\lambda P_2\in Z(\mathfrak{A})$，从而

$$f_2(m)m = mg_2(m)$$

从而证明了命题的条件（3）。

由性质（4）知

$$[L(1\oplus 0),\hat{m}] = \begin{pmatrix} 0 & f_1(1)m - mg_1(1) \\ 0 & 0 \end{pmatrix}$$
$$= [1\oplus 0, L(\hat{m})] = \begin{pmatrix} 0 & h_2(m) \\ 0 & 0 \end{pmatrix}$$

故

$$h_2(m) = f_1(1)m - mg_1(1)$$

而

$$[L(a\oplus 0),\hat{m}] = \begin{pmatrix} 0 & f_1(a)m - mg_1(a) \\ 0 & 0 \end{pmatrix}$$
$$= [a\oplus 0, L(\hat{m})]$$
$$= \begin{pmatrix} [a, f_1(0)+f_2(m)+f_3(0)+P_1\lambda P_1] & ah_2(m) \\ 0 & 0 \end{pmatrix}$$

比较元素得

$$[a, f_1(0)+f_2(m)+f_3(0)+P_1\lambda P_1] = 0$$

故 $f_1(0)+f_2(m)+f_3(0)+P_1\lambda P_1 \in Z(A)$。又由性质（3）知 $f_1(0)+f_3(0)+P_1\lambda P_1 \in Z(A)$，从而 $f_2(m)\in Z(A)$ 且

$$f_1(a)m - mg_1(a) = a(f_1(1)m - mg_1(1))$$

从而证明了命题的条件（1）。

类似地，由

$$[L(0\oplus b),\hat{m}] = \begin{pmatrix} 0 & f_3(b)m - mg_3(b) \\ 0 & 0 \end{pmatrix}$$
$$= [0\oplus b, L(\hat{m})]$$
$$= \begin{pmatrix} 0 & h_2(m)b \\ 0 & [b, g_1(0)+g_2(m)+g_3(0)+P_2\lambda P_2] \end{pmatrix}$$

从而 $g_2(m)\in Z(B)$ 且

$$f_3(b)m - mg_3(b) = (f_1(1)m - mg_1(1))b$$

证毕。

引理 2.24　设 L 是三角代数 $\mathfrak{A}=\text{Tri}(A,M,B)$ 上的模线性可交换映射，记

$$L\begin{pmatrix} a & m \\ 0 & b \end{pmatrix}=\begin{pmatrix} f_1(a)+f_2(m)+f_3(b)+P_1\lambda P_1 & f_1(1)m-mg_1(1) \\ 0 & g_1(a)+g_2(m)+g_3(b)+P_2\lambda P_2 \end{pmatrix}$$

则 $g_1^{-1}(P_2Z(\mathfrak{A})P_2)$ 与 $f_3^{-1}(P_1Z(\mathfrak{A})P_1)$ 分别是 A,B 的理想，并且 $[A,A]\subseteq g_1^{-1}(P_2Z(\mathfrak{A})P_2)$，$[B,B]\subseteq f_3^{-1}(P_1Z(\mathfrak{A})P_1)$。

证明　我们只证明与 A 有关的部分，与 B 有关的部分类似。

设 $I=\{a\in A:g_1(a)\in P_2Z(\mathfrak{A})P_2\}=g_1^{-1}(P_2Z(\mathfrak{A})P_2)$。对任意的 $a,a'\in A$，$m\in M$，由命题 2.1（1）知

$$a'a(f_1(1)m-mg_1(1))=f_1(a'a)m-mg_1(a'a) \tag{2-37}$$

$$a'a(f_1(1)m-mg_1(1))=a'(f_1(a)m-mg_1(a)) \tag{2-38}$$

由式（2-37）和式（2-38）得

$$f_1(a'a)m-mg_1(a'a)-a'f_1(a)m+a'mg_1(a)=0 \tag{2-39}$$

另外，

$$aa'(f_1(1)m-mg_1(1))=f_1(aa')m-mg_1(aa') \tag{2-40}$$

$$a(f_1(1)a'm-a'mg_1(1))=f_1(a)a'm-a'mg_1(a) \tag{2-41}$$

由式（2-40）和式（2-41）得

$$a[a',f_1(1)]m=f_1(aa')m-mg_1(aa')-f_1(a)a'm+a'mg_1(a) \tag{2-42}$$

从而存在 $\theta_1,\theta_2\in Z(\mathfrak{A})$ 且由式（2-42）减去式（2-39）得

$$\begin{aligned} a[a',f_1(1)]m &= f_1(aa')m-mg_1(aa')-f_1(a)a'm \\ &\quad -f_1(a'a)m+mg_1(a'a)+a'f_1(a)m \\ &= -f_1[a',a]m+P_1\theta_1P_1m+mg_1[a',a] \\ &\quad +mP_2\theta_2P_2+[a',f_1(a)]m \end{aligned}$$

从而

$$m(g_1[a',a]+P_2\theta_2P_2)=(a[a',f_1(1)]+f_1[a',a]-P_1\theta_1P_1-[a',f_1(a)])m$$

从而 $g_1[a',a]\in P_2Z(\mathfrak{A})P_2$，即 $[a',a]\in I$。

设 $a \in I$，由式（2-39）与引理 2.9 知

$$mg_1(a'a) = (f_1(a'a) - a'f_1(a) + a'\tau^{-1}g_1(a))m$$

另外，由式（2-42）知

$$mg_1(aa') = (-a[a', f_1(1)] + f_1(aa') - f_1(a)a' + a'\tau^{-1}g_1(a))m$$

则 $g_1(a'a), g_1(aa') \in P_2Z(\mathfrak{A})P_2$。从而 $a'a, aa' \in I$，即 I 是包含换位子 $[A, A]$ 的 A 的一个理想。证毕。

定理 2.4　设 L 是三角代数 $\mathfrak{A} = \mathrm{Tri}(A, M, B)$ 上的模线性可交换映射，记

$$L\begin{pmatrix} a & m \\ 0 & b \end{pmatrix} = \begin{pmatrix} f_1(a) + f_2(m) + f_3(b) + P_1\lambda P_1 & f_1(1)m - mg_1(1) \\ 0 & g_1(a) + g_2(m) + g_3(b) + P_2\lambda P_2 \end{pmatrix}$$

则以下三个条件等价：

（1）L 是真的，即 L 能被写成 $L(c) = cx + h(c)$，其中 $c \in \mathfrak{A}, x \in Z(\mathfrak{A})$，$h$ 是一个从 $\mathfrak{A}$ 到它的中心 $Z(\mathfrak{A})$ 里的映射。

（2）$g_1(A) \subseteq P_2Z(\mathfrak{A})P_2, f_3(B) \subseteq P_1Z(\mathfrak{A})P_1$，并且对任意的 $m \in M$，有 $f_2(m) \oplus g_2(m) \in Z(\mathfrak{A})$。

（3）$f_1(1) \in P_1Z(\mathfrak{A})P_1$, $g_1(1) \in P_2Z(\mathfrak{A})P_2$，并且对任意的 $m \in M$，有 $f_2(m) \oplus g_2(m) \in Z(\mathfrak{A})$。

证明　（1）（2）推（3）。$g_1(1) \in g_1(A) \in P_2Z(\mathfrak{A})P_2$。设 $b = 1$，由命题 2.1（2）知 $f_3(1)m - mg_3(1) = f_1(1)m - mg_1(1)$，又由引理 2.9 知

$$f_1(1)m = m(g_1(1) - g_3(1) + \tau(f_3(1)))$$

从而 $f_1(1) \in P_1Z(\mathfrak{A})P_1$。

（2）（3）推（2）。首先，因为 $g_1(1) \in P_2Z(\mathfrak{A})P_2$，$A$ 的理想

$$I = \{a \in A : g_1(a) \in P_2Z(\mathfrak{A})P_2\} = g_1^{-1}(P_2Z(\mathfrak{A})P_2)$$

包含 1，从而

$$g_1(A) \in P_2Z(\mathfrak{A})P_2$$

其次，由命题 2.1（2）知 $f_3(b)m - mg_3(b) = (f_1(1)m - mg_1(1))b$，又由引理 2.9 知

$$f_3(b)m = m(g_3(b) + \tau(f_1(1))b - g_1(1)b)$$

从而 $f_3(B) \subseteq P_1 Z(\mathfrak{A}) P_1$。

（3）（3）推（1）。设

$$h(c) = L(c) - cx$$

其中，$c = \begin{pmatrix} a & m \\ 0 & b \end{pmatrix} \in \mathfrak{A}$，$x = (f_1(1) - \tau^{-1}(g_1(1))) \oplus (\tau(f_1(1)) - g_1(1)) \in Z(\mathfrak{A})$。

由题设知

$$\begin{aligned} h\begin{pmatrix} a & m \\ 0 & b \end{pmatrix} &= L\begin{pmatrix} a & m \\ 0 & b \end{pmatrix} - \begin{pmatrix} a & m \\ 0 & b \end{pmatrix}\begin{pmatrix} f_1(1) - \tau^{-1}(g_1(1)) & 0 \\ 0 & \tau(f_1(1)) - g_1(1) \end{pmatrix} \\ &= \begin{pmatrix} f_1(a) - a(f_1(1) - \tau^{-1}(g_1(1))) & 0 \\ 0 & g_1(a) \end{pmatrix} \\ &\quad + \begin{pmatrix} f_3(b) & 0 \\ 0 & g_3(b) - b(\tau(f_1(1)) - g_1(1)) \end{pmatrix} \\ &\quad + \begin{pmatrix} f_2(m) & 0 \\ 0 & g_2(m) \end{pmatrix} + \begin{pmatrix} P_1 \lambda P_1 & 0 \\ 0 & P_2 \lambda P_2 \end{pmatrix} \end{aligned}$$

又由命题 2.1（1）知

$$(f_1(a) - af_1(1) - a\tau^{-1}(g_1(1)))m - mg_1(a) = (f_1(a)m - mg_1(a)) - a(f_1(1)m - mg_1(1)) = 0,$$

从而

$$f_1(a) - a(f_1(1) - \tau^{-1}(g_1(1))) \oplus g_1(a) \in Z(\mathfrak{A})$$

类似地，由命题 2.1（2）与性质（4）知

$$(f_3(b)) \oplus (g_3(b) - b(\tau(f_1(1)) - g_1(1))) \in Z(\mathfrak{A}), (P_1 \lambda P_1) \oplus P_2 \lambda P_2 \in Z(\mathfrak{A})$$

而 $f_2(m) \oplus g_2(m) \in Z(\mathfrak{A})$，从而 $h\begin{pmatrix} a & m \\ 0 & b \end{pmatrix} \in Z(\mathfrak{A})$。

（4）（1）推（3）。设 $L(c) = cx + h(c)$，其中，$c = \begin{pmatrix} a & m \\ 0 & b \end{pmatrix} \in \mathfrak{A}$，$x = x_A \oplus \tau(x_A) \in Z(\mathfrak{A})$。对 $m \in M$，记 $\hat{m} = \begin{pmatrix} 0 & m \\ 0 & 0 \end{pmatrix} \in \mathfrak{A}$，因为 $h(\mathfrak{A}) \subseteq Z(\mathfrak{A})$，则 $h(\hat{m})$ 具有形式 $a \oplus b$，且 $\hat{m}x = \begin{pmatrix} 0 & m\tau(x_A) \\ 0 & 0 \end{pmatrix}$，故

$$\begin{aligned}\hat{m}x + h(\hat{m}) &= L(\hat{m}) \\ &= \begin{pmatrix} f_1(0) + f_2(m) + f_3(0) + P_1\lambda P_1 & f_1(1)m - mg_1(1) \\ 0 & g_1(0) + g_2(m) + g_3(0) + P_2\lambda P_2 \end{pmatrix}\end{aligned}$$

比较元素得

$$x_A m = m\tau(x_A) = f_1(1)m - mg_1(1)$$

即

$$mg_1(1) = (f_1(1) - x_A)m, f_1(1)m = m(\tau(x_A) + g_1(1))$$

从而

$$f_1(1) \in P_1Z(\mathfrak{A})P_1, g_1(1) \in P_2Z(\mathfrak{A})P_2$$

$$\begin{aligned}h(\hat{m}) &= \begin{pmatrix} f_1(0) + f_2(m) + f_3(0) + P_1\lambda P_1 & 0 \\ 0 & g_1(0) + g_2(m) + g_3(0) + P_2\lambda P_2 \end{pmatrix} \\ &= (f_2(m) \oplus g_2(m)) + (f_1(0) \oplus g_1(0)) \\ &\quad + (f_3(0) \oplus g_3(0)) + (P_1\lambda P_1 \oplus P_2\lambda P_2) \in Z(\mathfrak{A})\end{aligned}$$

由性质（iv）知 $(f_1(0) \oplus g_1(0)) + (f_3(0) \oplus g_3(0)) + (P_1\lambda P_1 \oplus P_2\lambda P_2) \in Z(\mathfrak{A})$，从而

$$f_2(m) \oplus g_2(m) \in Z(\mathfrak{A})$$

证毕。

定理 2.5　三角代数 $\mathfrak{A} = \mathrm{Tri}(A, M, B)$ 上的每一个模线性可交换映射若满足以下三个条件：

（1）$Z(B) = P_2Z(\mathfrak{A})P_2$ 或 $A = [A, A]$；

（2）$Z(A) = P_1Z(\mathfrak{A})P_1$ 或 $B = [B, B]$；

（3）存在 $m_0 \in M$ 使得

$$Z(\mathfrak{A}) = \{a \oplus b : a \in Z(A), b \in Z(B), am_0 = m_0 b\}$$

则此映射是真的。

证明　一方面，由命题 2.1 知 $g_1(A) \subseteq Z(B)$，又由条件（1）知 $Z(B) = P_2Z(\mathfrak{A})P_2$，则 $g_1(A) \subseteq P_2Z(\mathfrak{A})P_2$。另一方面，由引理 2.24 知

$$A = [A, A] \subseteq g_1^{-1}(P_2Z(\mathfrak{A})P_2)$$

从而 $g_1(A) \subseteq P_2Z(\mathfrak{A})P_2$。故条件（1）能推出 $g_1(A) \subseteq P_2Z(\mathfrak{A})P_2$。类似地，由条件（2）

得 $f_3(B)\subseteq P_1Z(\mathfrak{A})P_1$。由定理 2.4（2）知，只要能证明（3）能推出 $f_2(m)\oplus g_2(m)\in Z(\mathfrak{A})$，即可证明定理 2.5。

由命题 2.1(2)知 $f_2(m)\in Z(A), g_2(m)\in Z(B)$ 且 $f_2(m)m=mg_2(m)$。由 $f_2(m_0)m_0=m_0g_2(m_0)$ 得 $f_2(m_0)\oplus g_2(m_0)\in Z(\mathfrak{A})$，故对任意的 $m\in M$，有 $f_2(m_0)m=mg_2(m_0)$。一方面，

$$\begin{aligned}f_2(m_0+m)(m_0+m)&=(f_2(m_0)+f_2(m)+P_1\lambda P_1)(m_0+m)\\&=f_2(m_0)m_0+f_2(m_0)m+f_2(m)m_0\\&\quad+f_2(m)m+P_1\lambda P_1m_0+P_1\lambda P_1m\\&=m_0g_2(m_0)+mg_2(m_0)+f_2(m)m_0\\&\quad+mg_2(m)+P_1\lambda P_1m_0+P_1\lambda P_1m\end{aligned}$$

另一方面，

$$\begin{aligned}f_2(m_0+m)(m_0+m)&=(m_0+m)g_2(m_0+m)\\&=(m_0+m)(g_2(m_0)+g_2(m)+P_2\lambda P_2)\\&=m_0g_2(m_0)+mg_2(m_0)+m_0g_2(m)\\&\quad+mg_2(m)+m_0P_2\lambda P_2+P_2\lambda P_2m\end{aligned}$$

比较以上两式得 $f_2(m)m_0-mg_2(m_0)=0$，即

$$f_2(m)m_0=mg_2(m_0)$$

由条件（3）知，$f_2(m)\oplus g_2(m)\in Z(\mathfrak{A})$。完成了定理 2.5 的证明。

推论 2.5　若 $Z(A)=R1, Z(B)=R1$，则 $\mathfrak{A}=\mathrm{Tri}(A,M,B)$ 上的每一个模线性可交换映射是真的。

证明　由定理 2.5，因为 $Z(A)=P_1Z(\mathfrak{A})P_1, Z(B)=P_2Z(\mathfrak{A})P_2$，定理 2.3 条件（3）对任何非零的 $m\in M$ 都成立。

推论 2.6　设 $\tau(N)$ 是与套 N 有关的套代数，$x\in\tau(N), \lambda\in Z(\tau(N)), \mu:\tau(N)\to Z(\tau(N))$ 是映射。则 $\tau(N)$ 上的每一个模线性可交换映射 f 具有形式：

$$f(x)=\lambda x+\mu(x)$$

证明　若 N 是一个平凡套，即 $N=\{\{0\},H\}$，则 $\tau(N)=B(H)$ 是一个因子 von Neumann 代数。由 $[f(x),x]=0$ 知 $[f(x),y]=[x,f(y)]$。因此，映射 $\theta:(x,y)\mapsto[f(x),y]$ 是 $B(H)$ 的一个双导子。从而对任意的 $x,y,z,u,v\in B(H)$，由文献[13]的推论 2.4 知

$$\theta(x,y)z[u,v]=[x,y]z\theta(u,v) \tag{2-43}$$

设 $F(x,y)=\theta(x,y), G(x,y)=[x,y]$，由式（2-43）得

$$F(x,y)B(H)G(u,v)=G(x,y)B(H)F(u,v) \tag{2-44}$$

由文献[13]的引理 2.2 知存在 $\lambda\in\mathbb{C}I$ 使得 $F(x,y)=\lambda G(x,y)$，由式（2-44）得

$$\lambda[x,y]B(H)[u,v]=[x,y]B(H)\theta(u,v)$$

即

$$[x,y]B(H)(\lambda[u,v]-\theta(u,v))=0$$

并注意到 $B(H)$ 是一个因子，因而 $\lambda[u,v]-\theta(u,v)=0$ 。即

$$[f(x),y]=\lambda[x,y],[f(x)-\lambda x,y]=0$$

从而存在从 $\tau(N)$ 到 $Z(\tau(N))$ 的映射 μ，使得

$$\mu(x)=f(x)-\lambda x$$

若 N 是一个非平凡套，则 $Z(\tau(N))=\mathbb{C}I$，

$$\tau(N)=\begin{pmatrix} E\tau(N)E & E\tau(N)(1-E) \\ 0 & (1-E)\tau(N)(1-E) \end{pmatrix}$$

即 $\tau(N)=\begin{pmatrix} A & M \\ 0 & B \end{pmatrix}$， $Z(A)=R1$，$Z(B)=R1$，运用定理 2.5 和推论 2.5 即可证明。

§2.5　注　　记

最重要的三角代数的例子是上三角矩阵代数，块上三角矩阵代数和套代数。Cheung 讨论了这些代数上的可交换映射和线性的 Lie 导子[10,16]，Benkovič 和 Eremita 研究了三角代数上的可交换的双可加迹映射和 Lie 同构[14]。Benkovič 探讨了三角代数上的双导子[27]。Wong 探讨了三角代数上的 Jordan 同构[28]，Zhang 和 Yu 研究了三角代数上的 Jordan 导子[29]。

对于线性的（或可加的）Lie 型映射的研究，早期的工作是对环上的 Lie 同构的研究。1951 年，华罗庚[30]讨论了一个单的 Artinian 环 $B=M_n(D)$（D 是一个除

环）上的 Lie 自同构，证明了当 $n \geqslant 3$ 时，B 上的每一个 Lie 自同构具有形式 $x \mapsto \pm\theta(x)+h(x)$，$\theta$ 是一个自同构或反自同构，h 是一个 $B \to Z$（环 B 的中心）的可加映射，使得对任意的 $A,B \in B$ 都有 $h([A,B])=0$。之后，Herstein[31-32]发起了 Lie 型映射的研究，Herstein 的学生 Martindale 及 Martindale 的学生在一系列的文章里把华罗庚的结果推广到了更一般的环里[33-40]。同样的问题也在算子代数上被考虑[23,41-48]。Herstein 所提出的线性的（或可加的）Lie 型映射除了 Lie 同构外还有 Lie 导子，在这方面早期的重要工作见文献[49]。近年来，一些算子代数上的线性 Lie 导子的结构更是引起了许多学者的关注。Johnson 证明了从一个 C^*-代数 A 到一个 Banach A-双边模 E 的每一个连续的线性 Lie 导子可以被分解为 $\delta+h$，其中 $\delta: A \to E$ 是一个导子，h 是一个从 A 到 E 的中心的线性映射[18]。Mathieu 和 Villena 证明了 C^*-代数上的每一个线性的 Lie 导子能被分解成一个导子和一个使得换位子值为零的中心值映射的和[50]。Lu 和 Liu 在自反代数上证明了同样的结果[51]。Zhang 在因子 von Neumann 代数的套子代数上得到了同样的结果[52]。Cheung 刻画了三角代数上线性 Lie 导子的结构[16]。Qi 等讨论了套代数上的可加的 ξ-Lie 导子[53]。最有趣的素环上的可加 Lie 导子的结果在文献[54]中得到。有关线性 Lie 导子的研究还可见文献[49]、[55-61]。

保持问题的一个重要内容是寻找一些代数或几何不变量作为算子代数的同构不变量。即以尽可能少的代数或几何性质刻画算子代数间的同构问题。在过去的 20 年里，有关刻画使得矩阵或算子的某些特定的性质、函数、子集或关系的线性的或可加的映射的问题已经引起许多学者的关注[14,24,54,62-64]。所得到的结果从一些新的方面揭示了算子代数的代数和几何结构。

随着研究的深入和新颖的证明技巧的出现，许多问题已经在非线性条件下研究[25,65-71]。Chen 和 Zhang 研究了上三角矩阵代数上的非线性 Lie 导子[67]。一些学者研究了保持某些具有特殊性质的算子乘积的非线性映射[25,70-72]。例如，Šemrl 刻画了 Banach 空间 X 上的有界线性算子 $B(X)$ 上的非线性保 Lie 积的双射[22,25]，Zhang 讨论了两个因子 von Neumann 代数间的非线性保 Lie 积的双射[71]。这种映射和 Lie 同态（线性保 Lie 积的映射）及保交换性映射（Lie 零积的映射）有密切关系。还有许多学者研究了 Lie 同态（线性保 Lie 积的映射）及保交换性映射（保 Lie 零积的映射）[34,47,54,63,64,73]。

线性可交换映射的研究始于 Posner 的工作，他证明了素环上存在非零可交换导子的充要条件是该素环可交换[74]。此后，许多学者对一般的线性可交换映射进行了深入的研究并得到了丰富而有趣的结果[75-79]。从这些研究中可以看到线性可交换映射与双导子[80]、Lie 导子[78]、Lie 同构[62]、线性保持映射[81-83]及自动连续问题[57,61,84,85]都有着密切联系。Brešar 证明了素环上可加的可交换映射是真可交换映射，并由此对素环上的双导子进行了研究[77]。最近，Cheung 研究了三角代数上的线性可交换映射，并给出了三角代数上的线性可交换映射是真映射的一个充分条件[10]。Benkovič 和 Eremita 利用文献[10]中的结果研究了三角代数上的双线性可交换迹映射，并由此给出了三角代数上 Lie 同构及线性保可交换映射的具体结构[86]。

以下两个问题需要在今后的工作中进一步探讨：

（1）定理 2.2 中的条件 $\pi_A(Z(U)) = Z(A)$ 和 $\pi_B(Z(U)) = Z(B)$ 能否减弱，如把 $\pi_A(Z(U)) = Z(A)$ 变为 $\pi_A(Z(U)) \subseteq Z(A)$。

（2）能否给出三角代数上的非线性保 Lie 积的双射的具体形式。

第 3 章 von Neumann 代数上的非线性*-Lie映射

§3.1 引 言

本章研究 von Neumann 代数上的*-Lie 映射，通过刻画因子 von Neumann 代数上的非线性*-Lie 导子、非线性保*-Lie 积的映射和非线性保ξ-*-Lie 积的映射，探讨 von Neumann 代数的 Lie 结构。

以下给出相关的定义。

定义 3.1 设 $\mathbf{A}$ 是复数域$\mathbb{C}$上的一个结合的*-代数，$\delta:\mathbf{A}\to\mathbf{A}$ 是一个映射。如果对任意的 $A\in\mathbf{A}$，δ 是一个可加的导子且满足 $\delta(A^*)=\delta(A)^*$，则称 δ 是一个可加的*-导子。

定义 3.2 设 $\phi:\mathbf{A}\to\mathbf{A}$ 是一个映射（没有假设可加性）。如果对任意的 $A,B\in\mathbf{A}$，有

$$\phi([A,B]_*)=[\phi(A),B]_*+[A,\phi(B)]_*$$

则称 ϕ 是一个非线性*-Lie 导子，其中 $[A,B]_*=AB-BA^*$。

定义 3.3 设 $\phi:\mathbf{A}\to\mathbf{A}$ 是一个映射（没有假设可加性）。如果对任意的 $X,Y\in\mathbf{A}$，有

$$\phi([X,Y]_*)=[\phi(X),\phi(Y)]_*$$

其中 $[X,Y]_*=XY-YX^*$，则称 ϕ 是非线性保*-Lie 积的映射。乘积 $XY-YX^*$ 也被称为 Jordan *-导子[87]。

定义 3.4 设 $\phi:\mathbf{A}\to\mathbf{A}$ 是一个映射（没有假设可加性），$\xi\in\mathbb{C}$。如果对任意的 $X,Y\in\mathbf{A}$，有

$$\phi([X,Y]_*^{\xi})=[\phi(X),\phi(Y)]_*^{\xi}$$

其中 $[X,Y]_*^\xi = XY - \xi YX^*$，则称 ϕ 是非线性保 ξ-∗-Lie 积的映射。

以下 $\mathbb{R}$ 和 $\mathbb{C}$ 分别表示实数域和复数域。H 是复 Hilbert 空间。$B(H)$ 是 H 上的所有有界线性算子。$M \subseteq B(H)$ 是一个 von Neumann 代数。如果 M 的中心是 $\mathbb{C}I$，则称 M 是一个因子 von Neumann 代数。其中 I 是 M 的单位。设 M_{sa} 表示 M 的所自伴算子的空间，$P(M)$ 表示 M 的所有非平凡投影之集。记 $[X,Y]_* = XY - YX^*$，$[X,Y]_*^\xi = XY - \xi YX^*$。

§3.2　von Neumann代数上的非线性∗-Lie导子[88]

本节将主要证明以下定理。

定理 3.1　设 H 是复 Hilbert 空间且维数 $\dim H \geqslant 2$，M 是 H 上的因子 von Neumann 代数。如果 $\phi: M \to M$ 是一个非线性∗-Lie 导子，则 ϕ 是一个可加的∗-导子。

以下总假设 M 是复 Hilbert 空间 H 上的因子 von Neumann 代数。

引理 3.1[89]　设 $A \in M$。若对任意的 $B \in M$ 有 $AB = BA^*$，则 $A \in \mathbb{R}I$。

引理 3.2[89]　设 $B \in M$。若对任意的 $A \in M$ 有 $AB = BA^*$，则 $B = 0$。

引理 3.3　设 $P \in M$ 是一个非平凡的投影，$A \in M$。若对任意的 $B \in PM(I-P)$ 有 $AB = BA^*$，则存在 $\mu \in \mathbb{C}$ 使得 $A = \mu P + \overline{\mu}(I-P)$。

证明　显然，对任意的 $T \in M$ 有 $(I-P)APT(I-P) = 0$，则 $(I-P)AP = 0$。设 $X \in PMP$ 和 $Y \in (I-P)M(I-P)$，则对任意的 $B \in PM(I-P)$，有

$$AXB = XBA^* \text{ 且 } ABY = BYA^*$$

另外，有

$$XAB = XBA^* \text{ 和 } ABY = BA^*Y$$

从而对任意的 $B \in PM(I-P)$，有 $(AX - XA)B = B(YA^* - A^*Y) = 0$。故对任意的 $X \in PMP$ 和 $Y \in (I-P)M(I-P)$，有

$$PAPX - XPAP = (I-P)A^*(I-P)Y - Y(I-P)A^*(I-P) = 0$$

因此，存在 $\lambda, \mu \in \mathbb{C}$ 使得 $PAP = \lambda P$ 和 $(I-P)A^*(I-P) = \mu(I-P)$。从而有

$$A = \lambda P + PA(I-P) + \overline{\mu}(I-P)$$

则对任意的$B\in PM(I-P)$有$\lambda B=BA^*P+\mu B$。从而$\lambda=\mu$和$(I-P)A^*P=0$。故存在$\mu\in\mathbb{C}$，使得$A=\mu P+\overline{\mu}(I-P)$。证毕。

引理 3.4　设$\phi:M\to M$是非线性*-Lie 导子，则对任意的$A\in M$，有$\phi(0)=0$，$\phi(\mathbb{C}I)\subseteq\mathbb{C}I$，$\phi(M_{sa})\subseteq M_{sa}$和$\phi(iA)=i\phi(A)$。

证明　很容易验证$\phi(0)=0$。设$T\in M$，则

$$[\phi(I),T]_*+[I,\phi(T)]_*=\phi([I,T]_*)=\phi(0)=0$$

由此可得，对任意的$T\in M$，有$\phi(I)T=T\phi(I)^*$。故$\phi(I)=\phi(I)^*\in\mathbb{R}I$，从而对$A\in M_{sa}$，有

$$\phi(A)-\phi(A)^*=[\phi(A),I]_*+[A,\phi(I)]_*=\phi([A,I]_*)=\phi(0)=0$$

故$\phi(M_{sa})\subseteq M_{sa}$。设$\lambda\in\mathbb{C}$，则对任意的$A\in M_{sa}$，有

$$[\phi(A),\lambda I]_*+[A,\phi(\lambda I)]_*=\phi([A,\lambda I]_*)=\phi(0)=0$$

从而对任意的$A\in M_{sa}$，由$\phi(M_{sa})\subseteq M_{sa}$可得$A\phi(\lambda I)=\phi(\lambda I)A$。因此$\phi(\mathbb{C}I)\subseteq\mathbb{C}I$。

因为$\phi(\mathbb{C}I)\subseteq\mathbb{C}I$和$\phi(M_{sa})\subseteq M_{sa}$，所以$\phi(-\frac{1}{2}I)\in\mathbb{R}I$。从而由$[\frac{1}{2}iI,\frac{1}{2}iI]_*=-\frac{1}{2}I$可得

$$\begin{aligned}i\phi(\frac{1}{2}iI)+\frac{1}{2}i(\phi(\frac{1}{2}iI)-\phi(\frac{1}{2}iI)^*)&=[\frac{1}{2}iI,\phi(\frac{1}{2}iI)]_*+[\phi(\frac{1}{2}iI),\frac{1}{2}iI]_*\\&=\phi([\frac{1}{2}iI,\frac{1}{2}iI]_*)=\phi(-\frac{1}{2}I)\in\mathbb{R}I\end{aligned}$$

又因为$\frac{1}{2}i(\phi(\frac{1}{2}iI)-\phi(\frac{1}{2}iI)^*)\in\mathbb{R}I$，故由上面的等式可得$\phi(\frac{1}{2}iI)^*=-\phi(\frac{1}{2}iI)$。因此$\phi(-\frac{1}{2}I)=2i\phi(\frac{1}{2}iI)$。

类似地，由$[-\frac{1}{2}iI,-\frac{1}{2}iI]_*=-\frac{1}{2}I$可得$\phi(-\frac{1}{2}iI)^*=-\phi(-\frac{1}{2}iI)$和$\phi(-\frac{1}{2}I)=-2i\phi(-\frac{1}{2}iI)$。

故$\phi(\frac{1}{2}iI)=-\phi(-\frac{1}{2}iI)$。

因此

$$\begin{aligned}\phi(\frac{1}{2}iI)=\phi([-\frac{1}{2}iI,-\frac{1}{2}I]_*)&=[\phi(-\frac{1}{2}iI),-\frac{1}{2}I]_*+[-\frac{1}{2}iI,\phi(-\frac{1}{2}I)]_*\\&=-\phi(-\frac{1}{2}iI)-i\phi(-\frac{1}{2}I)=\phi(\frac{1}{2}iI)-i\phi(-\frac{1}{2}I)\end{aligned}$$

从而 $\phi(-\frac{1}{2}I)=0$，故 $\phi(\frac{1}{2}iI)=0$。从而对任意的 $A\in M$，有

$$\phi(iA)=\phi([\frac{1}{2}iI,A]_*)=[\phi(\frac{1}{2}iI),A]_*+[\frac{1}{2}iI,\phi(A)]_*=i\phi(A)$$

证毕。

现在选择一个非平凡的投影 $P_1\in M$ 且令 $P_2=I-P_1$。记 $M_{ij}=P_iMP_j$，$i,j=1,2$。则有以下引理。

引理 3.5　设 $\phi:M\to M$ 是一个非线性∗-Lie 导子，$U=P_1\phi(P_1)P_2-P_2\phi(P_1)P_1\in M$。则

（1）对任意的 $A\in M_{12}$ 有 $\phi(A)=AU-UA+P_1\phi(A)P_2$；

（2）对任意的 $B\in M_{21}$ 有 $\phi(B)=BU-UB+P_2\phi(A)P_1$；

（3）存在 $\lambda\in\mathbb{C}$，使得 $\phi(P_1)=P_1U-UP_1+\lambda I$。

证明　（1）因为对任意的 $A\in M_{12}$，有 $A=[P_1,A]_*$，从而由 $\phi(M_{sa})\subseteq M_{sa}$ 可得

$$\begin{aligned}\phi(A)&=\phi([P_1,A]_*)=[\phi(P_1),A]_*+[P_1,\phi(A)]_*\\&=\phi(P_1)A-A\phi(P_1)+P_1\phi(A)-\phi(A)P_1\end{aligned}$$

由此可得

$$P_2\phi(A)P_1=0,\ P_1\phi(A)P_1=-A\phi(P_1)P_1,\ P_2\phi(A)P_2=P_2\phi(P_1)A$$

和

$$P_1\phi(P_1)A=A\phi(P_1)P_2 \tag{3-1}$$

则

$$\begin{aligned}\phi(A)&=P_2\phi(A)P_2+P_1\phi(A)P_1+P_2\phi(A)P_1+P_1\phi(A)P_2\\&=P_2\phi(P_1)A-A\phi(P_1)P_1+P_1\phi(A)P_2\\&=AU-UA+P_1\phi(A)P_2\end{aligned}$$

（2）因为对任意的 $B\in M_{21}$，有 $B=[P_2,B]_*$，类似于（1）的证明可得

$$\phi(B)=BU-UB+P_2\phi(B)P_1$$

（3）设 $X\in M_{11}$ 和 $Y\in M_{22}$，则对任意的 $A\in M_{12}$ 有 $XA\in M_{12}$ 和 $AY\in M_{12}$。从而由式（3-1）可得

$$P_1\phi(P_1)XA=XA\phi(P_1)P_2\ \text{和}\ P_1\phi(P_1)AY=AY\phi(P_1)P_2 \tag{3-2}$$

另外，又由式（3-1）可得

$$XP_1\phi(P_1)A = XA\phi(P_1)P_2 \text{ 和 } P_1\phi(P_1)AY = A\phi(P_1)P_2Y \tag{3-3}$$

因此由式（3-2）和式（3-3）可得

$$(P_1\phi(P_1)P_1X - XP_1\phi(P_1)P_1)MP_2 = \{0\}$$

和

$$P_1M(P_2\phi(P_1)P_2Y - YP_2\phi(P_1)P_2) = \{0\}$$

因为 M 是因子 von Neumann 代数，所以对任意的 $X \in M_{11}$，有 $P_1\phi(P_1)P_1X = XP_1\phi(P_1)P_1$；对任意的 $Y \in M_{22}$，有 $P_2\phi(P_1)P_2Y = YP_2\phi(P_1)P_2$。则存在 $\lambda, \mu \in \mathbb{C}$ 使得

$$P_1\phi(P_1)P_1 = \lambda P_1 \text{ 和 } P_2\phi(P_1)P_2 = \mu P_2$$

从而对任意的 $A \in M_{12}$，由此式和式（3-1）可得 $\lambda A = \mu A$。从而 $\lambda = \mu$，故

$$\begin{aligned}\phi(P_1) &= P_1\phi(P_1)P_1 + P_1\phi(P_1)P_2 + P_2\phi(P_1)P_1 + P_2\phi(P_1)P_2 \\ &= P_1\phi(P_1)P_2 + P_2\phi(P_1)P_1 + \lambda I \\ &= P_1U - UP_1 + \lambda I\end{aligned}$$

证毕。

注 3.1　设 U 是引理 3.5 中的算子。定义映射 $\psi: M \to M$ 为

$$\psi(X) = \phi(X) - (XU - UX)$$

很容易验证 ψ 也是一个非线性*-Lie 导子，满足对 $i = 1, 2$ 有 $\psi(P_i) \in \mathbb{C}I$。

引理 3.6　设 ψ 满足注 3.1 的条件。则对 $i, j = 1,2$ 有 $\psi(M_{ij}) \subseteq M_{ij}$。

证明　由 ψ 的定义和引理 3.5 可知，对 $i \neq j$ 有 $\psi(M_{ij}) \subseteq M_{ij}$。因为对任意的 $A \in M_{11}$ 有 $[P, A]_* = 0$，从而由 $\psi(P_i) \in \mathbb{C}I$ 可得

$$0 = \psi([P_i, A]_*) = [\psi(P_i), A]_* + [P_i, \psi(A)]_* = P_i\psi(A) - \psi(A)P_i$$

则对 $i \neq j$ 有 $P_i\psi(A)P_j = 0$，故对任意的 $A \in M_{11}$，有

$$\psi(A) = P_1\psi(A)P_1 + P_2\psi(A)P_2 \tag{3-4}$$

类似地，能证明对任意的 $B \in M_{22}$，有

$$\psi(B) = P_1\psi(B)P_1 + P_2\psi(B)P_2 \tag{3-5}$$

因为对任意的 $A \in M_{11}$ 和 $B \in M_{22}$，有 $[A,B]_* = [B,A]_* = 0$，从而由式（3-4）和式（3-5）

可得

$$[P_2\psi(A)P_2,B]_*+[A,P_1\psi(B)P_1]_*=[\psi(A),B]_*+[A,\psi(B)]_*=0$$

和

$$[P_1\psi(B)P_1,A]_*+[B,P_2\psi(A)P_2]_*=[\psi(B),A]_*+[B,\psi(A)]_*=0$$

从而对任意的 $A\in M_{11}$，有 $[A,P_1\psi(B)P_1]_*=0$；对任意的 $B\in M_{22}$，有 $[B,P_2\psi(A)P_2]_*=0$。由引理 3.2 可得

$$P_1\psi(B)P_1=P_2\psi(A)P_2=0$$

故由此式、式（3-4）及式（3-5）可得 $\psi(M_{ii})\subseteq M_{ii}$，$i=1,2$。证毕。

引理 3.7　设 ψ 满足注 3.1 的条件，$i,j\in\{1,2\}$ 且 $i\neq j$。则

（1）对任意的 $A_{ii}\in M_{ii}$ 和 $A_{ij}\in M_{ij}$，有 $\psi(A_{ii}+A_{ij})=\psi(A_{ii})+\psi(A_{ij})$；

（2）对任意的 $A_{ii}\in M_{ii}$ 和 $A_{ji}\in M_{ji}$，有 $\psi(A_{ii}+A_{ji})=\psi(A_{ii})+\psi(A_{ji})$；

（3）对任意的 $A_{11}\in M_{11}$ 和 $A_{22}\in M_{22}$，有 $\psi(A_{11}+A_{22})=\psi(A_{11})+\psi(A_{22})$；

（4）对任意的 $A_{12}\in M_{12}$ 和 $A_{21}\in M_{21}$，有 $\psi(A_{12}+A_{21})=\psi(A_{12})+\psi(A_{21})$。

证明　（1）设 $X_{jj}\in M_{jj}$，则由 $[X_{jj},A_{ij}]_*=[X_{jj},A_{ii}+A_{ij}]_*$ 和引理 3.6 可得

$$\begin{aligned}[\psi(X_{jj}),A_{ij}]_*+[X_{jj},\psi(A_{ij})]_*&=[\psi(X_{jj}),A_{ii}+A_{ij}]_*+[X_{jj},\psi(A_{ii}+A_{ij})]_*\\&=[\psi(X_{jj}),A_{ij}]_*+[X_{jj},\psi(A_{ii}+A_{ij})]_*\end{aligned}$$

从而对任意的 $X_{jj}\in M_{jj}$，有

$$X_{jj}(\psi(A_{ii}+A_{ij})-\psi(A_{ij}))=(\psi(A_{ii}+A_{ij})-\psi(A_{ij}))X_{jj}^*\tag{3-6}$$

在式（3-6）中取 $X_{jj}=P_j$，则由 $\psi(A_{ij})\in M_{ij}$ 可得

$$P_j\psi(A_{ii}+A_{ij})P_i=P_j(\psi(A_{ii}+A_{ij})-\psi(A_{ij}))P_i=0\tag{3-7}$$

另外，由式（3-6）和引理 3.2 也可得

$$P_j\psi(A_{ii}+A_{ij})P_j=P_j(\psi(A_{ii}+A_{ij})-\psi(A_{ij}))P_j=0\tag{3-8}$$

显然，对任意的 $X_{jj}\in M_{jj}$ 由式（3-6）有 $P_i(\psi(A_{ii}+A_{ij})-\psi(A_{ij}))X_{jj}^*=0$。由此可得

$$P_i\psi(A_{ii}+A_{ij})P_j=\psi(A_{ij})\tag{3-9}$$

另外，对任意的 $X_{ii}\in M_{ii}$，由引理 3.6 和 $[A_{ii},X_{ii}]_*=[A_{ii}+A_{ij},X_{ii}]_*$ 可得

$$[\psi(A_{ii}),X_{ii}]_*+[A_{ii},\psi(X_{ii})]_*=[\psi(A_{ii}+A_{ij}),X_{ii}]_*+[A_{ii}+A_{ij},\psi(X_{ii})]_*$$
$$=[\psi(A_{ii}+A_{ij}),X_{ii}]_*+[A_{ii},\psi(X_{ii})]_*$$

因此

$$(\psi(A_{ii}+A_{ij})-\psi(A_{ii}))X_{ii}=X_{ii}(\psi(A_{ii}+A_{ij})-\psi(A_{ii}))^*$$

由引理 3.1 和引理 3.6，存在一个数 $\lambda\in\mathbb{R}$，使得

$$P_i\psi(A_{ii}+A_{ij})P_i=\psi(A_{ii})+\lambda P_i \tag{3-10}$$

由式（3-7）～式（3-10）可得

$$\psi(A_{ii}+A_{ij})=\psi(A_{ii})+\psi(A_{ij})+\lambda P_i \tag{3-11}$$

对任意的 $X_{ij}\in M_{ij}$，由式（3-11）可知存在一个数 $\alpha\in\mathbb{R}$ 使得

$$\begin{aligned}\psi(-X_{ij}A_{ij}^*)+\psi(A_{ii}X_{ij})+\alpha P_i&=\psi(-X_{ij}A_{ij}^*+A_{ii}X_{ij})=\psi([A_{ii}+A_{ij},X_{ij}]_*)\\&=[\psi(A_{ii}+A_{ij}),X_{ij}]_*+[A_{ii}+A_{ij},\psi(X_{ij})]_*\\&=[\psi(A_{ii})+\psi(A_{ij})+\lambda P_i,X_{ij}]_*+[A_{ii}+A_{ij},\psi(X_{ij})]_*\\&=\psi([A_{ij},X_{ij}]_*)+\psi([A_{ii},X_{ij}]_*)+\lambda X_{ij}\\&=\psi(-X_{ij}A_{ij}^*)+\psi(A_{ii}X_{ij})+\lambda X_{ij}\end{aligned}$$

故对任意的 $X_{ij}\in M_{ij}$，有 $\lambda X_{ij}=\alpha P_i$，由此可得 $\lambda=0$，从而由式(3-11)有 $\psi(A_{ii}+A_{ij})=\psi(A_{ii})+\psi(A_{ij})$。

（2）设 $X_{ji}\in M_{ji}$，则

$$\psi([A_{ii}+A_{ji},X_{ji}]_*)=[\psi(A_{ii}+A_{ji}),X_{ji}]_*+[A_{ii}+A_{ji},\psi(X_{ji})]_* \tag{3-12}$$

另外，由（1）可得

$$\begin{aligned}\psi([A_{ii}+A_{ji},X_{ji}]_*)&=\psi(-X_{ji}A_{ji}^*-X_{ji}A_{ii}^*)=\psi(-X_{ji}A_{ji}^*)+\psi(-X_{ji}A_{ii}^*)\\&=\psi([A_{ji},X_{ji}]_*)+\psi([A_{ii},X_{ji}]_*)\\&=[\psi(A_{ji}),X_{ji}]_*+[A_{ji},\psi(X_{ji})]_*+[\psi(A_{ii}),X_{ji}]_*+[A_{ii},\psi(X_{ji})]_*\\&=[\psi(A_{ii})+\psi(A_{ji}),X_{ji}]_*+[A_{ii}+A_{ji},\psi(X_{ji})]_*\end{aligned}$$

从而对任意的 $X_{ji}\in M_{ji}$，由式（3-12）可得

$$[\psi(A_{ii}+A_{ji}),X_{ji}]_*=[\psi(A_{ii})+\psi(A_{ji}),X_{ji}]_*$$

对一些由 $\mu\in\mathbb{C}$，由引理 3.3 可知，

$$\psi(A_{ii}+A_{ji})-\psi(A_{ii})-\psi(A_{ji})=\mu P_j+\bar{\mu}P_i \tag{3-13}$$

因为对任意的 $X_{jj}\in M_{jj}$，有 $[X_{jj},A_{ji}]_*=[X_{jj},A_{ii}+A_{ji}]_*$，从而由引理 3.6 和式（3-13）可得

$$\begin{aligned}[\psi(X_{jj}),A_{ji}]_*+[X_{jj},\psi(A_{ji})]_*&=[\psi(X_{jj}),A_{ii}+A_{ji}]_*+[X_{jj},\psi(A_{ii}+A_{ji})]_*\\&=[\psi(X_{jj}),A_{ji}]_*+[X_{jj},\psi(A_{ii}+A_{ji})]_*\\&=[\psi(X_{jj}),A_{ji}]_*+[X_{jj},\psi(A_{ji})+\mu P_j]_*\end{aligned}$$

则对任意的 $X_{jj}\in M_{jj}$，有 $\mu X_{jj}=\mu X_{jj}^*$ 所以 $\mu=0$。因此由式(3-13)可得，$\psi(A_{ii}+A_{ji})=\psi(A_{ii})+\psi(A_{ji})$。

（3）设 $X_{11}\in M_{11}$，则由 $[X_{11},A_{11}]_*=[X_{11},A_{11}+A_{22}]_*$ 和引理 3.6 可得

$$\begin{aligned}[\psi(X_{11}),A_{11}]_*+[X_{11},\psi(A_{11})]_*&=[\psi(X_{11}),A_{11}+A_{22}]_*+[X_{11},\psi(A_{11}+A_{22})]_*\\&=[\psi(X_{11}),A_{11}]_*+[X_{11},\psi(A_{11}+A_{22})]_*\end{aligned}$$

则对任意的 $X_{11}\in M_{11}$，有

$$X_{11}(\psi(A_{11}+A_{22})-\psi(A_{11}))=(\psi(A_{11}+A_{22})-\psi(A_{11}))X_{11}^*$$

用与（1）同样的方法可证明

$$P_1\psi(A_{11}+A_{22})P_2=P_2\psi(A_{11}+A_{22})P_1=0 \tag{3-14}$$

和

$$P_1\psi(A_{11}+A_{22})P_1=\psi(A_{11}) \tag{3-15}$$

类似地，对任意的 $X_{22}\in M_{22}$，由 $[X_{22},A_{22}]_*=[X_{22},A_{11}+A_{22}]_*$ 可得

$$P_2\psi(A_{11}+A_{22})P_2=\psi(A_{22}) \tag{3-16}$$

故由式（3-14）～式（3-16），有 $\psi(A_{11}+A_{22})=\psi(A_{11})+\psi(A_{22})$。

（4）设 $X_{12}\in M_{12}$，显然

$$\psi([A_{12}+A_{21},X_{12}]_*)=[\psi(A_{12}+A_{21}),X_{12}]_*+[A_{12}+A_{21},\psi(X_{12})]_* \tag{3-17}$$

另外，由（3）的结果可得

$$\begin{aligned}\psi([A_{12}+A_{21},X_{12}]_*)&=\psi(A_{21}X_{12}-X_{12}A_{12}^*)=\psi(A_{21}X_{12})+\psi(-X_{12}A_{12}^*)\\&=\psi([A_{21},X_{12}]_*)+\psi([A_{12},X_{12}]_*)\\&=[\psi(A_{21}),X_{12}]_*+[A_{21},\psi(X_{12})]_*+[\psi(A_{12}),X_{12}]_*+[A_{12},\psi(X_{12})]_*\\&=[\psi(A_{12})+\psi(A_{21}),X_{12}]_*+[A_{12}+A_{21},\psi(X_{12})]_*\end{aligned}$$

故对任意的 $X_{12}\in M_{12}$，由此式和式（3-17）可证得

$$[\psi(A_{12}+A_{21}),X_{12}]_*=[\psi(A_{12})+\psi(A_{21}),X_{12}]_*$$

由引理 3.3，存在一个数 $\mu\in\mathbb{C}$，使得

$$\psi(A_{12}+A_{21})=\psi(A_{12})+\psi(A_{21})+\mu P_1+\bar{\mu}P_2 \tag{3-18}$$

由式（3-18）可知对任意的 $X_{11}\in M_{11}$，存在一个数 $\alpha\in\mathbb{C}$，使得

$$\begin{aligned}\psi([X_{11},A_{12}+A_{21}]_*)&=\psi(X_{11}A_{12}-A_{21}X_{11}^*)\\&=\psi(X_{11}A_{12})+\psi(-A_{21}X_{11}^*)+\alpha P_1+\bar{\alpha}P_2\end{aligned}$$

另外，又由式（3-18）可得

$$\begin{aligned}\psi([X_{11},A_{12}+A_{21}]_*)&=[\psi(X_{11}),A_{12}+A_{21}]_*+[X_{11},\psi(A_{12}+A_{21})]_*\\&=[\psi(X_{11}),A_{12}]_*+[\psi(X_{11}),A_{21}]_*+[X_{11},\psi(A_{12})]_*\\&\quad+[X_{11},\psi(A_{21})]_*+[X_{11},\mu P_1+\bar{\mu}P_2]_*\\&=\psi([X_{11},A_{12}]_*)+\psi([X_{11},A_{21}]_*)+[X_{11},\mu P_1+\bar{\mu}P_2]_*\\&=\psi(X_{11}A_{12})+\psi(-A_{21}X_{11}^*)+\mu(X_{11}-X_{11}^*)\end{aligned}$$

因此 $\mu(X_{11}-X_{11}^*)=\alpha P_1+\bar{\alpha}P_2$。由此可得 $\bar{\alpha}=0$，则对任意的 $X_{11}\in M_{11}$ 有 $\mu(X_{11}-X_{11}^*)=0$，故 $\mu=0$。从而由式（3-18）可得 $\psi(A_{12}+A_{21})=\psi(A_{12})+\psi(A_{21})$。证毕。

引理 3.8 设 ψ 满足注 3.1 的条件，则对任意的 $A_{ij}\in M_{ij}$，有 $\psi(\sum_{i,j=1}^{2}A_{ij})=\sum_{i,j=1}^{2}\psi(A_{ij})$。

证明 设 $i,j\in\{1,2\}(i\neq j)$，则对任意的 $T_{ii}\in M_{ii}$，有

$$[A_{ii}+A_{ji},T_{ii}]_*=[A_{ii}+A_{ij}+A_{ji},T_{ii}]_*$$

故对任意的 $T_{ii}\in M_{ii}$ 由引理 3.6 可得

$$[\psi(A_{ii}+A_{ij}+A_{ji})-\psi(A_{ii}+A_{ji}),T_{ii}]_*=0 \tag{3-19}$$

从而对一些 $\lambda_1\in\mathbb{R}$，由引理 3.1、引理 3.6 和引理 3.7（2）可知

$$P_i\psi(A_{ii}+A_{ij}+A_{ji})P_i=\psi(A_{ii})+\lambda_1 P_i \tag{3-20}$$

由式（3-19）可知，对任意的$T_{ii}\in M_{ii}$，有

$$P_j(\psi(A_{ii}+A_{ij}+A_{ji})-\psi(A_{ii}+A_{ji}))T_{ii}=0$$

从而由引理 3.6 和引理 3.7（2）可得

$$P_j\psi(A_{ii}+A_{ij}+A_{ji})P_i=\psi(A_{ji}) \tag{3-21}$$

另外，对任意的$T_{jj}\in M_{jj}$，由引理 3.6 和$[A_{ij},T_{jj}]_*=[A_{ii}+A_{ij}+A_{ji},T_{jj}]_*$可知

$$[\psi(A_{ii}+A_{ij}+A_{ji})-\psi(A_{ij}),T_{jj}]_*=0$$

则由引理 3.1 和引理 3.6，存在一个数$\lambda_2\in\mathbb{R}$，使得

$$P_j\psi(A_{ii}+A_{ij}+A_{ji})P_j=\lambda_2 P_j \tag{3-22}$$

因此对任意的$T_{jj}\in M_{jj}$，有$P_i(\psi(A_{ii}+A_{ij}+A_{ij})-\psi(A_{ij}))T_{jj}=0$。由此可得

$$P_i\psi(A_{ii}+A_{ij}+A_{ji})P_j=\psi(A_{ij}) \tag{3-23}$$

从而由式（3-20）～式（3-23）可得

$$\psi(A_{ii}+A_{ij}+A_{ji})=\psi(A_{ii})+\psi(A_{ij})+\psi(A_{ji})+\lambda_1 P_i+\lambda_2 P_j \tag{3-24}$$

由式（3-24）可知对任意的$T_{ii}\in M_{ii}$，存在$\alpha_1,\alpha_2\in\mathbb{R}$使得

$$\begin{aligned}
&\psi(T_{ii}A_{ii}-A_{ii}T_{ii}^*)+\psi(T_{ii}A_{ij})+\psi(-A_{ji}T_{ii}^*)+\alpha_1 P_i+\alpha_2 P_j\\
&=\psi(T_{ii}A_{ii}+T_{ii}A_{ij}-A_{ii}T_{ii}^*-A_{ji}T_{ii}^*)=\psi([T_{ii},A_{ii}+A_{ij}+A_{ji}]_*)\\
&=[\psi(T_{ii}),A_{ii}+A_{ij}+A_{ji}]_*+[T_{ii},\psi(A_{ii}+A_{ij}+A_{ji})]_*\\
&=[\psi(T_{ii}),A_{ii}+A_{ij}+A_{ji}]_*+[T_{ii},\psi(A_{ii})+\psi(A_{ij})+\psi(A_{ji})+\lambda_1 P_i+\lambda_2 P_j]_*\\
&=\psi([T_{ii},A_{ii}]_*)+\psi([T_{ii},A_{ij}]_*)+\psi([T_{ii},A_{ji}]_*)+\lambda_1(T_{ii}-T_{ii}^*)\\
&=\psi(T_{ii}A_{ii}-A_{ii}T_{ii}^*)+\psi(T_{ii}A_{ij})+\psi(-A_{ji}T_{ii}^*)+\lambda_1(T_{ii}-T_{ii}^*)
\end{aligned}$$

由此可得$\lambda_1=\alpha_1=\alpha_2=0$。另外，由式（3-24）和引理 3.7（4）可知，对任意的$T_{jj}\in M_{jj}$，有

$$
\begin{aligned}
\psi(T_{jj}A_{ji})+\psi(-A_{ij}T_{jj}^{*}) &= \psi(T_{jj}A_{ji}-A_{ij}T_{jj}^{*}) \\
&= \psi([T_{jj},A_{ii}+A_{ij}+A_{ji}]_{*}) \\
&= [\psi(T_{jj}),A_{ii}+A_{ij}+A_{ji}]_{*}+[T_{jj},\psi(A_{ii}+A_{ij}+A_{ji})]_{*} \\
&= [\psi(T_{jj}),A_{ii}+A_{ij}+A_{ji}]_{*}+[T_{jj},\psi(A_{ii})+\psi(A_{ij})+\psi(A_{ji})+\lambda_1 P_i+\lambda_2 P_j]_{*} \\
&= \psi([T_{jj},A_{ii}]_{*})+\psi([T_{jj},A_{ij}]_{*})+\psi([T_{jj},A_{ji}]_{*})+\lambda_2(T_{jj}-T_{jj}^{*}) \\
&= \psi(-A_{ij}T_{jj}^{*})+\psi(T_{jj}A_{ji})+\lambda_2(T_{jj}-T_{jj}^{*})
\end{aligned}
$$

从而 $\lambda_2=0$。因此由式（3-24）可知，对 $i\neq j$，有

$$
\psi(A_{ii}+A_{ij}+A_{ji})=\psi(A_{ii})+\psi(A_{ij})+\psi(A_{ji}) \tag{3-25}
$$

又因为对任意的 $T_{11}\in M_{11}$，有 $[T_{11},\sum_{i,j=1}^{2}A_{ij}]_{*}=[T_{11},A_{11}+A_{12}+A_{21}]_{*}$。从而由 $\psi(T_{11})\in M_{11}$ 可得

$$
[T_{11},\psi(\sum_{i,j=1}^{2}A_{ij})-\psi(A_{11}+A_{12}+A_{21})]_{*}=0
$$

由引理 3.2、引理 3.6 和式（3-25）可得

$$
P_1\psi(\sum_{i,j=1}^{2}A_{ij})P_1=\psi(A_{11}) \tag{3-26}
$$

我们也证明了

$$
P_1\psi(\sum_{i,j=1}^{2}A_{ij})P_2=\psi(A_{12}),\ P_2\psi(\sum_{i,j=1}^{2}A_{ij})P_1=\psi(A_{21}) \tag{3-27}
$$

因为对任意的 $T_{22}\in M_{22}$，有 $[T_{22},\sum_{i,j=1}^{2}A_{ij}]_{*}=[T_{22},A_{22}+A_{12}+A_{21}]_{*}$，从而由 $\psi(T_{22})\in M_{22}$ 可得

$$
[T_{22},\psi(\sum_{i,j=1}^{2}A_{ij})-\psi(A_{22}+A_{12}+A_{21})]_{*}=0
$$

由引理 3.2、引理 3.6 和式（3-25）有

$$
P_2\psi(\sum_{i,j=1}^{2}A_{ij})P_2=\psi(A_{22}) \tag{3-28}
$$

故由式（3-26）～式（3-28）有，$\psi(\sum_{i,j=1}^{2}A_{ij})=\sum_{i,j=1}^{2}\psi(A_{ij})$。证毕。

引理 3.9　设ψ满足注 3.1 的条件，则对任意的$A_{ij}, B_{ij} \in M_{ij} (i, j = 1, 2)$，有$\psi(A_{ij} + B_{ij}) = \psi(A_{ij}) + \psi(B_{ij})$。

证明　设$i, j \in \{1, 2\}$且$i \neq j$，则对任意的$T_{ij} \in M_{ij}$，有$[T_{ij}, P_j]_* = T_{ij} - T_{ij}^*$，从而由引理 3.6 和引理 3.7（4），有

$$\begin{aligned}\psi(T_{ij}) + \psi(-T_{ij}^*) &= \psi(T_{ij} - T_{ij}^*) = [\psi(T_{ij}), P_j]_* + [T_{ij}, \psi(P_j)]_* \\ &= \psi(T_{ij}) - \psi(T_{ij})^* + T_{ij}\psi(P_j) - \psi(P_j)T_{ij}^*\end{aligned}$$

因为$\psi(P_j) \in \mathbb{C}I$，$\psi(-T_{ij}^*)$和$\psi(T_{ij})^* \in M_{ji}$，由以上等式可知对任意的$T_{ij} \in M_{ij}$，有$T_{ij}\psi(P_j) = 0$。因此对$j = 1, 2$，有$\psi(P_j) = 0$。

设$A_{ij}, B_{ij} \in M_{ij}\ (i \neq j)$。则有

$$[P_i + A_{ij}, P_j + B_{ij}]_* = A_{ij} + B_{ij} - A_{ij}^* - B_{ij}A_{ij}^*$$

故由引理 3.6、引理 3.7 和引理 3.8 有

$$\begin{aligned}&\psi(A_{ij} + B_{ij}) + \psi(-A_{ij}^*) + \psi(-B_{ij}A_{ij}^*) \\ &= \psi(A_{ij} + B_{ij} - A_{ij}^* - B_{ij}A_{ij}^*) \\ &= \psi([P_i + A_{ij}, P_j + B_{ij}]_*) \\ &= [\psi(P_i + A_{ij}), P_j + B_{ij}]_* + [P_i + A_{ij}, \psi(P_j + B_{ij})]_* \\ &= [\psi(P_i) + \psi(A_{ij}), P_j + B_{ij}]_* + [P_i + A_{ij}, \psi(P_j) + \psi(B_{ij})]_* \\ &= [\psi(A_{ij}), P_j + B_{ij}]_* + [P_i + A_{ij}, \psi(B_{ij})]_* \\ &= \psi(A_{ij}) + \psi(B_{ij}) - \psi(A_{ij})^* - B_{ij}\psi(A_{ij})^* - \psi(B_{ij})A_{ij}^*\end{aligned}$$

从而对任意的$A_{ij}, B_{ij} \in M_{ij} (i \neq j)$，有

$$\psi(A_{ij} + B_{ij}) = \psi(A_{ij}) + \psi(B_{ij}) \tag{3-29}$$

设$A_{ii}, B_{ii} \in M_{ii}$和$T_{ij} \in M_{ij} (i \neq j)$，则由式（3-19）和引理 3.6 可得

$$\begin{aligned}\psi([A_{ii} + B_{ii}, T_{ij}]_*) &= \psi(A_{ii}T_{ij} + B_{ii}T_{ij}) \\ &= \psi(A_{ii}T_{ij}) + \psi(B_{ii}T_{ij}) \\ &= \psi([A_{ii}, T_{ij}]_*) + \psi([B_{ii}, T_{ij}]_*) \\ &= [\psi(A_{ii}), T_{ij}]_* + [A_{ii}, \psi(T_{ij})]_* + [\psi(B_{ii}), T_{ij}]_* + [B_{ii}, \psi(T_{ij})]_* \\ &= \psi(A_{ii})T_{ij} + A_{ii}\psi(T_{ij}) + \psi(B_{ii})T_{ij} + B_{ii}\psi(T_{ij})\end{aligned}$$

另外，由引理 3.6 可得

$$\psi([A_{ii}+B_{ii},T_{ij}]_*)=[\psi(A_{ii}+B_{ii}),T_{ij}]_*+[A_{ii}+B_{ii},\psi(T_{ij})]_*$$
$$=\psi(A_{ii}+B_{ii})T_{ij}+A_{ii}\psi(T_{ij})+B_{ii}\psi(T_{ij})$$

因此对任意的 $T_{ij}\in M_{ij}$，有 $(\psi(A_{ii}+B_{ii})-\psi(A_{ii})-\psi(B_{ii}))T_{ij}=0$。从而对任意的 $A_{ii},B_{ii}\in M_{ii}$，有 $\psi(A_{ii}+B_{ii})=\psi(A_{ii})+\psi(B_{ii})$。证毕。

引理 3.10　设 ψ 满足注 3.1 的条件，$A_{ii},B_{ii}\in M_{ii}$ 和 $A_{ij},B_{ij}\in M_{ij}(i\neq j)$，则

（1）$\psi(A_{ii}B_{ii})=\psi(A_{ii})B_{ii}+A_{ii}\psi(B_{ii}),\ \psi(A_{ij}B_{ji})=\psi(A_{ij})B_{ji}+A_{ij}\psi(B_{ji})$；

（2）$\psi(A_{ii}B_{ij})=\psi(A_{ii})B_{ij}+A_{ii}\psi(B_{ij}),\ \psi(A_{ij}B_{jj})=\psi(A_{ij})B_{jj}+A_{ij}\psi(B_{jj})$。

证明　（1）设 $X_{ij}\in M_{ij}$。则 $A_{ii}X_{ij}=[A_{ii},X_{ij}]_*$，由引理 3.6 有

$$\psi(A_{ii}X_{ij})=[\psi(A_{ii}),X_{ij}]_*+[A_{ii},\psi(X_{ij})]_*=\psi(A_{ii})X_{ij}+A_{ii}\psi(X_{ij})$$

由此可得

$$\psi(A_{ii}B_{ii})X_{ij}+A_{ii}B_{ii}\psi(X_{ij})=\psi(A_{ii}B_{ii}X_{ij})$$
$$=\psi(A_{ii})B_{ii}X_{ij}+A_{ii}\psi(B_{ii}X_{ij})$$
$$=\psi(A_{ii})B_{ii}X_{ij}+A_{ii}\psi(B_{ii})X_{ij}+A_{ii}B_{ii}\psi(X_{ij})$$

则对任意的 $X_{ij}\in M_{ij}$，

$$(\psi(A_{ii}B_{ii})-\psi(A_{ii})B_{ii}-A_{ii}\psi(B_{ii}))X_{ij}=0$$

从而

$$\psi(A_{ii}B_{ii})=\psi(A_{ii})B_{ii}+A_{ii}\psi(B_{ii})$$

因为 $A_{ij}B_{ji}=[A_{ij},B_{ji}]_*$，故由引理 3.6 可得

$$\psi(A_{ij}B_{ji})=[\psi(A_{ij}),B_{ji}]_*+[A_{ij},\psi(B_{ji})]_*=\psi(A_{ij})B_{ji}+A_{ij}\psi(B_{ji})\qquad(3\text{-}30)$$

（2）设 $T_{ji}\in M_{ji}(i\neq j)$，则由式（3-30）可得

$$\psi(A_{ii}B_{ij})T_{ji}+A_{ii}B_{ij}\psi(T_{ji})=\psi(A_{ii}B_{ij}T_{ji})$$
$$=\psi(A_{ii})B_{ij}T_{ji}+A_{ii}\psi(B_{ij}T_{ji})$$
$$=\psi(A_{ii})B_{ij}T_{ji}+A_{ii}\psi(B_{ij})T_{ji}+A_{ii}B_{ij}\psi(T_{ji})$$

从而对任意的 $T_{ji}\in M_{ji}$，有

$$(\psi(A_{ii}B_{ij})-\psi(A_{ii})B_{ij}-A_{ii}\psi(B_{ij}))T_{ji}=0$$

由此可得

$$\psi(A_{ii}B_{ij})=\psi(A_{ii})B_{ij}+A_{ii}\psi(B_{ij})$$

类似地，可以得到

$$\begin{aligned}T_{ji}\psi(A_{ij}B_{jj})+\psi(T_{ji})A_{ij}B_{jj}&=\psi(T_{ji}A_{ij}B_{jj})\\&=\psi(T_{ji}A_{ij})B_{jj}+T_{ji}A_{ij}\psi(B_{jj})\\&=\psi(T_{ji})A_{ij}B_{jj}+T_{ji}\psi(A_{ij})B_{jj}+T_{ji}A_{ij}\psi(B_{jj})\end{aligned}$$

从而$\psi(A_{ij}B_{jj})=\psi(A_{ij})B_{jj}+A_{ij}\psi(B_{jj})$。证毕。

现在来证明本节的主要定理。

定理 3.1 的证明　设$A,B\in M$，则对一些$A_{ij},B_{ij}\in M_{ij}$，有$A=\sum_{i,j=1}^{2}A_{ij}$和$B=\sum_{i,j=1}^{2}B_{ij}$。设ψ满足注 3.1 的条件。从而由引理 3.8 和引理 3.9 可得

$$\psi(A+B)=\sum_{i,j=1}^{2}\psi(A_{ij}+B_{ij})=\sum_{i,j=1}^{2}(\psi(A_{ij})+\psi(B_{ij}))=\psi(A)+\psi(B)$$

由引理 3.6 和引理 3.10 可知，

$$\begin{aligned}\psi(AB)&=\psi(A_{11}B_{11})+\psi(A_{11}B_{12})+\psi(A_{12}B_{21})+\psi(A_{12}B_{22})\\&\quad+\psi(A_{21}B_{11})+\psi(A_{21}B_{12})+\psi(A_{22}B_{21})+\psi(A_{22}B_{22})\\&=\psi(A_{11})B_{11}+A_{11}\psi(B_{11})+\psi(A_{11})B_{12}+A_{11}\psi(B_{12})\\&\quad+\psi(A_{12})B_{21}+A_{12}\psi(B_{21})+\psi(A_{12})B_{22}+A_{12}\psi(B_{22})\\&\quad+\psi(A_{21})B_{11}+A_{21}\psi(B_{11})+\psi(A_{21})B_{12}+A_{21}\psi(B_{12})\\&\quad+\psi(A_{22})B_{21}+A_{22}\psi(B_{21})+\psi(A_{22})B_{22}+A_{22}\psi(B_{22})\\&=\psi(A_{11})B+A_{11}\psi(B)+\psi(A_{12})B+A_{12}\psi(B)\\&\quad+\psi(A_{21})B+A_{21}\psi(B)+\psi(A_{22})B+A_{22}\psi(B)\\&=\psi(A)B+A\psi(B)\end{aligned}$$

从而ψ也是一个可加的导子。设$A=B+iC$，其中$B,C\in M_{sa}$。则对任意的$A\in M$，由引理 3.4 可得

$$\psi(A^*)=\psi(B)-\psi(iC)=\psi(B)-i\psi(C)=\psi(A)^*$$

因此ψ是一个可加的∗-导子。证毕。

由定理 3.1，有以下推论。

推论 3.1　设H是一个无限维的复 Hilbert 空间，$\phi:B(H)\to B(H)$是一个非线性∗-Lie 导子。则对任意的$A\in B(H)$，存在$T\in B(H)$满足$T+T^*=0$使得$\phi(A)=AT-TA$。

由定理 3.1 可知ϕ是一个可加的*-导子。由文献[59]的结果可知，ϕ是线性的，因此也是一个内导子。从而对任意的$A\in B(H)$，存在$S\in B(H)$，使得$\phi(A)=AS-SA$。故对任意的$A\in B(H)$，有

$$A^*S-SA^*=\phi(A^*)=\phi(A)^*=S^*A^*-A^*S^*$$

由此可知存在$\lambda\in\mathbb{R}$，使得$S+S^*=\lambda I$。令$T=S-\frac{1}{2}\lambda I$，则对任意的$A\in B(H)$，有$T+T^*=0$和$\phi(A)=AT-TA$。证毕。

§3.3 von Neumann代数上的非线性保*-Lie积的映射[90]

本节主要证明以下定理。

定理 3.2 设H是复的 Hilbert 空间，H的维数$\dim H\geqslant 2$。设M，N是H上的两个因子 von Neumann 代数。如果对任意的$A,B\in M,\phi:M\to N$是一个双射且满足$\phi(AB-BA^*)=\phi(A)\phi(B)-\phi(B)\phi(A)^*$。则$\phi$是一个线性或共轭线性的*-同构。

为了证明定理 3.2，需要一些引理。以下我们总假设M，N是H上的两个因子 von Neumann 代数且$\dim H\geqslant 2$，对任意的$A,B\in M$，$\phi:M\to N$是一个双射且满足

$$\phi(AB-BA^*)=\phi(A)\phi(B)-\phi(B)\phi(A)^* \tag{3-31}$$

引理 3.11 $\phi(0)=0$，$\phi(\mathbb{C}I)=\mathbb{C}I$，$\phi(M_{sa})=N_{sa}$及$\phi(P(M))=P(N)$。

证明 因为ϕ是满射，则有一个$B_0\in M$使得$\phi(B_0)=0$。从而

$$\phi(0)=\phi(0B_0-B_0 0^*)=\phi(0)\phi(B_0)-\phi(B_0)\phi(0)^*=0$$

则对任意的$B\in M$，有$\phi(I)\phi(B)-\phi(B)\phi(I)^*=\phi(IB-BI^*)=\phi(0)=0$。由此式可知存在$\lambda_0\in\mathbb{R}\setminus\{0\}$使得$\phi(I)=\phi(I)^*=\lambda_0 I$。设$A\in M_{sa}$，则

$$\phi(A)-\phi(A)^*=\lambda_0^{-1}\phi(AI-IA^*)=\lambda_0^{-1}\phi(0)=0$$

因此，$\phi(M_{sa})\subseteq N_{sa}$。对$\phi^{-1}$用同样的讨论可证得$N_{sa}\subseteq\phi(M_{sa})$，故$\phi(M_{sa})=N_{sa}$。设$\lambda\in\mathbb{C}$，则对任意的$A\in M_{sa}$，有

$$\phi(A)\phi(\lambda I)-\phi(\lambda I)\phi(A)=\phi(A(\lambda I)-(\lambda I)A)=\phi(0)=0$$

从而由 $\phi(M_{sa})=N_{sa}$ 可得 $\phi(\lambda I)\in\mathbb{C}I$，所以 $\phi(\mathbb{C}I)\subseteq\mathbb{C}I$。同样讨论 ϕ^{-1} 可得 $\mathbb{C}I\subseteq\phi(\mathbb{C}I)$。因此 $\phi(\mathbb{C}I)=\mathbb{C}I$。

设 $P\in P(N)$ 且 $A\in M$ 使得 $\phi(A)=P$，则 $A\in M_{sa}$，并且对任意的 $B\in M$，有

$$\phi([A,[A,[A,B]_*]_*]_*)=[P,[P,[P,\phi(B)]_*]_*]_*=[P,\phi(B)]_*=\phi([A,B]_*)$$

由 ϕ 是满射可得 $[A,[A,[A,B]_*]_*]_*=[A,B]_*$，即对任意的 $B\in M$，有

$$A^3B-3A^2BA+3ABA^2-BA^3=AB-BA \tag{3-32}$$

另外，对任意的 $B\in M_{sa}$，有

$$\phi([[A,B]_*,A]_*)=[[P,\phi(B)]_*,P]_*=[P,\phi(B)]_*=\phi([A,B]_*)$$

故 $[[A,B]_*,A]_*=[A,B]_*$，即对任意的 $B\in M_{sa}$ 有 $A^2B-BA^2=AB-BA$。因此，存在 $\lambda_1\in\mathbb{C}$ 使得 $A^2=A+\lambda_1 I$。由此式和式（3-32）可知，对任意的 $B\in M$，有

$$4\lambda_1(AB-BA)=0 \tag{3-33}$$

因为 $\phi(\mathbb{C}I)=\mathbb{C}I$ 且 $\phi(A)=P\notin\mathbb{C}I$，则存在 $B\in M$ 使得 $AB-BA\neq 0$。由式（3-33）有 $\lambda_1=0$，从而 $A=A^2=A^*\in P(M)$。对 ϕ^{-1} 做同样的讨论可得 $\phi(P(M))\subseteq P(N)$。因此 $\phi(P(M))=P(N)$。证毕。

现在选择一个 $P_1\in P(M)$ 且令 $P_2=I-P_1$。设 $Q_i=\phi(P_i)$，$i=1,2$。由引理 3.11，对 $i=1,2$ 有 $Q_i\in P(N)$。对任意的的 $B\in M_{sa}$，由事实 $\{Q_1,\phi(B)\}=\{\phi(B),Q_2\}$ 可得 $Q_2=I-Q_1$。记 $M_{ij}=P_iMP_j$ 且 $N_{ij}=Q_iNQ_j$，$i,j=1,2$。则有以下引理。

引理 3.12　设 $X_{ll}\in M_{ll}$。如果对任意的 $T_{il}\in M_{ll}$，有 $T_{il}X_{ll}=0$，则 $X_{ll}=0$。

证明　略。

引理 3.13　设 $i,j=1,2$ 且 $i\neq j$，则 $\phi(M_{ij})=N_{ij}$。

证明　设 $A\in M_{ij}$，则由事实 $A=[P_i,A]_*=[P_i,[P_i,A]_*]_*$ 可得

$$\phi(A)=Q_i\phi(A)Q_j-Q_j\phi(A)Q_i$$

且

$$\phi(A)=Q_i\phi(A)Q_j+Q_j\phi(A)Q_i$$

比较这两个等式可得 $\phi(A)=Q_i\phi(A)Q_j$。则 $\phi(M_{ij})\subseteq N_{ij}$。对 ϕ^{-1} 做同样的讨论可得

$N_{ij} \subseteq \phi(M_{ij})$。因此 $\phi(M_{ij}) = N_{ij}$。证毕。

引理 3.14 设 $i, j, k, l = 1,2$，则对任意的 $A_{ij} \in M_{ij}$ 和 $B_{kl} \in M_{kl}$，有 $\phi(A_{ij} + B_{kl}) = \phi(A_{ij}) + \phi(B_{kl})$。

证明 设对 $X_{st} \in M_{st}$ 有 $X = \sum_{s,t=1}^{2} X_{st}$ 且 $\phi(X) = \phi(A_{ij}) + \phi(B_{kl})$，则对任意的 $T \in M$，有

$$\phi(TX - XT^*) = \phi(TA_{ij} - A_{ij}T^*) + \phi(TB_{kl} - B_{kl}T^*) \tag{3-34}$$

和

$$\phi(XT - TX^*) = \phi(A_{ij}T - TA_{ij}^*) + \phi(B_{kl}T - TB_{kl}^*) \tag{3-35}$$

情形 1 如果 $i = j$ 且 $k \neq l$，则 $k = i$ 且 $l \neq i$ 或者 $l = i$ 且 $k \neq i$。第一种情况，在式(3-34)中取 $T = P_i$，则有 $\phi(P_iX - XP_i) = \phi(B_{il})$。故由 ϕ 是单射可知 $P_iX - XP_i = B_{il}$。由此可得 $X_{il} = B_{il}$ 且 $X_{li} = 0$。因此 $X = X_{ii} + B_{il} + X_{ll}$。在式（3-34）中取 $T = T_{il}$，有

$$\phi(T_{il}X_{ll} - B_{il}T_{il}^* - X_{ll}T_{il}^*) = \phi(-B_{il}T_{il}^*)$$

则对任意的 $T_{il} \in M_{il}$，有 $T_{il}X_{ll} = X_{ll}T_{il}^* = 0$。由引理 3.12 有 $X_{ll} = 0$，从而 $X = X_{ii} + B_{il}$。在式（3-35）中取 $T = T_{il}$，有

$$\phi(X_{ii}T_{il} - T_{il}B_{il}^*) = \phi(A_{ii}T_{il}) + \phi(-T_{il}B_{il}^*)$$

从而

$$\phi([P_i, X_{ii}T_{il} - T_{il}B_{il}^*]_*) = \phi([P_i, A_{ii}T_{il}]_*) + \phi([P_i, -T_{il}B_{il}^*]_*)$$

则对任意的 $T_{il} \in M_{il}$ 有 $\phi(X_{ii}T_{il}) = \phi(A_{ii}T_{il})$。由此式可得 $X_{ii} = A_{ii}$。因此

$$\phi(A_{ii} + B_{il}) = \phi(A_{ii}) + \phi(B_{il})$$

对于第二种情况可类似证明。

情形 2 如果 $i \neq j$ 且 $k \neq l$，则有 $k = j$ 且 $l = i$ 或者 $k = i$ 且 $l = j$。若 $k = j$ 且 $l = i$，在式（3-34）中取 $T = P_i$，有

$$\phi(X_{ij} - X_{ji}) = \phi(A_{ij}) + \phi(-B_{ji})$$

则

$$\phi([P_i, X_{ij} - X_{ji}]_*) = \phi([P_i, A_{ij}]_*) + \phi([P_i, -B_{ji}]_*)$$

即

$$\phi(X_{ij} + X_{ji}) = \phi(A_{ij}) + \phi(B_{ji}) \tag{3-36}$$

在式（3-35）中分别用 P_i 和 P_j 代替 T，有

$$\phi(X_{ii} + X_{ji} - X_{ii}^* - X_{ji}^*) = \phi(B_{ji} - B_{ji}^*)$$

和

$$\phi(X_{ij} + X_{jj} - X_{ij}^* - X_{jj}^*) = \phi(A_{ij} - A_{ij}^*)$$

由以上两式可得 $X_{ji} = B_{ji}$ 和 $X_{ij} = A_{ij}$。由式(3-36)，则有 $\phi(A_{ij} + B_{ji}) = \phi(A_{ij}) + \phi(B_{ji})$。对 $k = i$ 且 $l = j$，有

$$A_{ij} + B_{ij} + A_{ij}^* = [P_i, [P_i + A_{ij}, P_j + B_{ij}]_*]_*$$

由情形 1 及 $\phi(M_{ij}) = N_{ij}$ 可得

$$\begin{aligned}\phi(A_{ij} + B_{ij}) + \phi(A_{ij}^*) &= [\phi(P_i), [\phi(P_i + A_{ij}), \phi(P_j + B_{ij})]_*]_* \\ &= [Q_i, [Q_i + \phi(A_{ij}), Q_j + \phi(B_{ij})]_*]_* \\ &= \phi(A_{ij}) + \phi(B_{ij}) + \phi(A_{ij})^*\end{aligned}$$

由此可得 $\phi(A_{ij} + B_{ij}) = \phi(A_{ij}) + \phi(B_{ij})$。

情形 3　如果 $i = j$ 且 $k = l$，则有 $i = k$ 或 $i \neq k$。如果 $i = k$，在式（3-34）中用 P_i 代替 T，对 $s \neq i$ 有 $\phi(X_{is} - X_{si}) = 0$。则 $X_{is} = X_{si} = 0$，故 $X = X_{ii} + X_{ss}$。在式(3-34)中取 $T = T_{is}$，则有 $\phi(T_{is}X_{ss} - X_{ss}T_{is}^*) = 0$。从而 $T_{is}X_{ss} = X_{ss}T_{is}^* = 0$。则对任意的 $T_{is} \in M_{is}$，有 $X_{ss} = 0$，因此

$$\phi(X_{ii}) = \phi(A_{ii}) + \phi(B_{ii}) \tag{3-37}$$

在式（3-35）中用 T_{is} 代替 T，有

$$\phi(X_{ii}T_{is}) = \phi(A_{ii}T_{is}) + \phi(B_{ii}T_{is}) = \phi(A_{ii}T_{is} + B_{ii}T_{is})$$

从而 $X_{ii} = A_{ii} + B_{ii}$。由此式和式(3-37)可得 $\phi(A_{ii} + B_{ii}) = \phi(A_{ii}) + \phi(B_{ii})$。如果 $i \neq k$，则在式(3-34)中取 $T = P_i$ 可得 $\phi(X_{ik} - X_{ki}) = 0$，故 $X_{ik} = X_{ki} = 0$。从而 $X = X_{ii} + X_{kk}$。

在式（3-34）和式（3-35）中分别取$T=T_{ik}$，可得

$$\phi(T_{ik}X_{kk}-X_{kk}T_{ik}^{*})=\phi(T_{ik}B_{kk}-B_{kk}T_{ik}^{*})$$

和

$$\phi(X_{ii}T_{ik}-T_{ik}X_{kk}^{*})=\phi(A_{ii}T_{ik})+\phi(-T_{ik}B_{kk}^{*})=\phi(A_{ii}T_{ik}-T_{ik}B_{kk}^{*})$$

从而对任意的$T_{ik}\in M_{ik}$，有

$$T_{ik}(X_{kk}-B_{kk})=(X_{kk}-B_{kk})T_{ik}^{*}=0 \tag{3-38}$$

和

$$(X_{ii}-A_{ii})T_{ik}=T_{ik}(X_{kk}-B_{kk})^{*} \tag{3-39}$$

由式(3-38)有$X_{kk}=B_{kk}$，故由式(3-39)有$X_{ii}=A_{ii}$。因此$\phi(A_{ii}+B_{kk})=\phi(A_{ii})+\phi(B_{kk})$。证毕。

引理 3.15 对任意的$A_{ij}\in M_{ij}$，有$\phi(\sum_{i,j=1}^{2}A_{ij})=\sum_{i,j=1}^{2}\phi(A_{ij})$。

证明 对于$X_{st}\in M_{st}$，设$X=\sum_{s,t=1}^{2}X_{st}$且$\phi(X)=\sum_{i,j=1}^{2}\phi(A_{ij})$，则对任意的$T\in M$，有

$$\phi(TX-XT^{*})=\sum_{i,j=1}^{2}\phi(TA_{ij}-A_{ij}T^{*}) \tag{3-40}$$

在式（3-40）中取$T=P_1$，则由引理 3.13 有

$$\phi(X_{12}-X_{21})=\phi(A_{12})+\phi(-A_{21})=\phi(A_{12}-A_{21})$$

由此可得$X_{12}=A_{12}$，$X_{21}=A_{21}$，故$X=X_{11}+A_{12}+A_{21}+X_{22}$。在式（3-40）中分别用$T_{12}$和$T_{21}$代替$T$，有

$$\phi([P_1,T_{12}X-XT_{12}^{*}]_*)=\sum_{i,j=1}^{2}\phi([P_1,T_{12}A_{ij}-A_{ij}T_{12}^{*}]_*)$$

和

$$\phi([P_2,T_{21}X-XT_{21}^{*}]_*)=\sum_{i,j=1}^{2}\phi([P_2,T_{21}A_{ij}-A_{ij}T_{21}^{*}]_*)$$

即

$$\phi(T_{12}X_{22}+X_{22}T_{12}^{*})=\phi(T_{12}A_{22}+A_{22}T_{12}^{*})$$

和

$$\phi(T_{21}X_{11}+X_{11}T_{21}^*)=\phi(T_{21}A_{11}+A_{11}T_{21}^*)$$

因此对任意的 $T_{12}\in M_{12}$，有

$$T_{12}X_{22}+X_{22}T_{12}^*=T_{12}A_{22}+A_{22}T_{12}^* \tag{3-41}$$

且对任意的 $T_{21}\in M_{21}$，有

$$T_{21}X_{11}+X_{11}T_{21}^*=T_{21}A_{11}+X_{11}A_{21}^* \tag{3-42}$$

从而由式（3-41）和式（3-42）可得 $X_{22}=A_{22}$ 和 $X_{11}=A_{11}$。因此对任意的 $A_{ij}\in M_{ij}$，有 $\phi(\sum_{i,j=1}^{2}A_{ij})=\sum_{i,j=1}^{2}\phi(A_{ij})$。证毕。

引理 3.16　对任意的 $A,B\in M$，有 $\phi(A+B)=\phi(A)+\phi(B)$。

证明　设 $A,B\in M$，则对 $A_{ij},B_{ij}\in M_{ij}$，有 $A=\sum_{i,j=1}^{2}A_{ij}$ 和 $B=\sum_{i,j=1}^{2}B_{ij}$。从而由引理 3.14 和引理 3.15 可得

$$\phi(A+B)=\sum_{i,j=1}^{2}\phi(A_{ij}+B_{ij})=\sum_{i,j=1}^{2}(\phi(A_{ij})+\phi(B_{ij}))=\phi(A)+\phi(B)$$

证毕。

由引理 3.16 和事实 $\phi(\mathbb{C}I)=\mathbb{C}I$，存在一个可加的双射 $\rho:\mathbb{C}\to\mathbb{C}$ 使得对所有的 $\lambda\in\mathbb{C}$，有 $\phi(\lambda I)=\rho(\lambda)I$ 且 $\rho(1)=1$。

引理 3.17　对任意的 $A\in M$ 和 $\lambda\in\mathbb{C}$，有 $\phi(\lambda A)=\rho(\lambda)\phi(A)$。

证明　设 $x\in\mathbb{R}$ 是任意的实数，则

$$2\rho(ix)I=\phi(2ixI)=\phi\Big((ixI)I-I(ixI)^*\Big)=\rho(ix)I-\overline{\rho(ix)}I,$$

故 $\overline{\rho(ix)}=-\rho(ix)$。由此可得

$$-2\rho(x)I=\phi\Big((ixI)(iI)-(iI)(ixI)^*\Big)=2\rho(ix)\rho(i)I$$

从而对所有的 $x\in\mathbb{R}$，有

$$\rho(ix)\rho(i)=-\rho(x) \tag{3-43}$$

对每一个 $A\in M$，有

$$\phi(ixA)=\frac{1}{2}\phi\Big((ixI)A-A(ixI)^*\Big)=\rho(ix)\phi(A)$$

特别地，有 $\phi(-iA)=-\rho(i)\phi(A)$ 和 $\phi(xA)=\rho(ix)\phi(-iA)$ 。对任意的 $x\in\mathbb{R}$ 和 $A\in M$ ，由此式和式（3-43）可得 $\phi(xA)=\rho(x)\phi(A)$ 。因此对任意的 $\lambda=x+iy\in\mathbb{C}$ ($x,y\in\mathbb{R}$)，有

$$\phi(\lambda A)=\phi(xA)+\phi(iyA)=\rho(x)\phi(A)+\rho(iy)\phi(A)=\rho(\lambda)\phi(A)$$

对任意的 $A\in M$ 都成立。证毕。

引理 3.18 ϕ 是线性的或是共轭线性的。

证明 由引理 3.16 和引理 3.17，我们仅需证明 ρ 是恒等映射或是共轭映射。由 ρ 的可加性可知，对每一个有理数 r ，有 $\rho(r)=r$ 。由引理 3.16 可知，对所有的 $\lambda,\beta\in\mathbb{C}$ ，有 $\rho(\lambda\beta)=\rho(\lambda)\rho(\beta)$ ，故由事实 $\phi(M_{sa})=N_{sa}$ 可知 $\rho(\lambda)>0$ ，当且仅当 $\lambda>0$ 。从而对有理数 r 和实数 x,y 满足 $|x-y|<r$ ，有 $|\rho(x)-\rho(y)|<r$ 。则 ρ 是连续的，故必须是实数上的恒等映射。由式（3-43）可知 $\rho(i)=i$ 或 $\rho(i)=-i$ 。因此 ρ 是 $\mathbb{C}$ 上的恒等映射或共轭映射。证毕。

接下来证明本节的主要定理。

定理 3.2 的证明 因为 $\rho(i)^2=-1$，故由引理 3.17 可知，对任意的 $A,B\in M$ ，有

$$\begin{aligned}\phi(-AB-BA^*)&=\phi(iA)\phi(iB)-\phi(iB)\phi(iA)^*\\&=\rho(i)\phi(A)\rho(i)\phi(B)-\rho(i)\phi(B)\overline{\rho(i)}\phi(A)^*\\&=-\phi(A)\phi(B)-\phi(B)\phi(A)^*\end{aligned}$$

又由定理 3.2 的条件可知

$$\phi(AB-BA^*)=\phi(A)\phi(B)-\phi(B)\phi(A)^*$$

比较以上两个等式，对任意的 $A,B\in M$ ，由引理 3.16 可得

$$\phi(AB)=\phi(A)\phi(B)\tag{3-44}$$

和

$$\phi(BA^*)=\phi(B)\phi(A)^*\tag{3-45}$$

在式（3-45）中取 $B=I$ ，则有 $\phi(A^*)=\phi(A)^*$ 。从而得出结论：ϕ 是一个线性或共轭线性的*-同构。证毕。

§3.4　von Neumann 代数上的非线性保ξ-*-Lie积的映射

本节主要证明以下定理。

定理 3.3　设 H 是复 Hilbert 空间，H 的维数 $\dim H \geqslant 2$。设 M，N 是 H 上的两个因子 von Neumann 代数。$\xi \in \mathbb{C}$ 且 $\xi \neq 0,1$。如果对任意的 $A,B \in M, \phi: M \to N$ 是一个双射且满足 $\phi(AB - \xi BA^*) = \phi(A)\phi(B) - \xi\phi(B)\phi(A)^*$，则 ϕ 是一个可加的映射。

为了证明定理 3.3，需要一些引理。以下总假设 M，N 是 H 上的两个因子 von Neumann 代数且 $\dim H \geqslant 2$，$\xi \neq 0,1$，对任意的 $A,B \in M$，$\phi: M \to N$ 是一个双射且满足

$$\phi(AB - \xi BA^*) = \phi(A)\phi(B) - \xi\phi(B)\phi(A)^* \tag{3-46}$$

引理 3.19　设 $i,j = 1,2$ 且 $i \neq j$，则

（1）对任意的 $A_{ii} \in M_{ii}$ 和 $A_{ij} \in M_{ij}$，有 $\phi(A_{ii} + A_{ij}) = \phi(A_{ii}) + \phi(A_{ij})$；

（2）对任意的 $A_{ii} \in M_{ii}$ 和 $A_{ji} \in M_{ji}$，有 $\phi(A_{ii} + A_{ji}) = \phi(A_{ii}) + \phi(A_{ji})$；

（3）对任意的 $A_{ij} \in M_{ij}$ 和 $A_{ji} \in M_{ji}$，有 $\phi(A_{ij} + A_{ji}) = \phi(A_{ij}) + \phi(A_{ji})$；

（4）对任意的 $A_{ii} \in M_{ii}$ 和 $A_{jj} \in M_{jj}$，有 $\phi(A_{ii} + A_{jj}) = \phi(A_{ii}) + \phi(A_{jj})$。

证明　（1）设对 $X_{st} \in M_{st}$，有 $X = \sum_{s,t=1}^{2} X_{st}$ 且 $\phi(X) = \phi(A_{ii}) + \phi(A_{ij})$，则对任意的 $T \in M$，有

$$\phi(TX - \xi XT^*) = \phi(TA_{ii} - \xi A_{ii}T^*) + \phi(TA_{ij} - \xi A_{ij}T^*) \tag{3-47}$$

和

$$\phi(XT - \xi TX^*) = \phi(A_{ii}T - \xi TA_{ii}^*) + \phi(A_{ij}T - \xi TA_{ij}^*) \tag{3-48}$$

在式（3-47）中取 $T = P_j$，则有 $\phi(P_jX - \xi XP_j) = \phi(-\xi A_{ij})$。故由 ϕ 是单射可知 $P_jX - \xi XP_j = -\xi A_{ij}$，即 $X_{ji} + (1-\xi)X_{jj} = \xi(X_{ij} - A_{ij})$，因为 $\xi \neq 1, \xi \neq 0$，从而 $X_{ij} = A_{ij}, X_{jj} = 0$ 且 $X_{ji} = 0$。因此 $X = X_{ii} + A_{ij}$。在式（3-48）中取 $T = T_{ij}$，有

$$\phi(X_{ii}T_{ij} - \xi T_{ij}A_{ij}^*) = \phi(A_{ii}T_{ij}) + \phi(-\xi T_{ij}A_{ij}^*)$$

从而

$$\phi([P_j, X_{ii}T_{ij} - \xi T_{ij}A_{ij}^*]_*^{\xi}) = \phi([P_j, A_{ii}T_{ij}]_*^{\xi}) + \phi([P_j, -\xi T_{ij}A_{ij}^*]_*^{\xi})$$

则对任意的 $T_{ij} \in M_{ij}$ 有 $\phi(-\xi X_{ii}T_{ij}) = \phi(-\xi A_{ii}T_{ij})$。因为 $\xi \neq 0$，所以 $X_{ii} = A_{ii}$。因此 $\phi(A_{ii} + A_{ij}) = \phi(A_{ii}) + \phi(A_{ij})$。

（2）设对 $X_{st} \in M_{st}$，有 $X = \sum_{s,t=1}^{2} X_{st}$ 且 $\phi(X) = \phi(A_{ii}) + \phi(A_{ji})$，则对任意的 $T \in M$，有

$$\phi(TX - \xi XT^*) = \phi(TA_{ii} - \xi A_{ii}T^*) + \phi(TA_{ji} - \xi A_{ji}T^*) \tag{3-49}$$

和

$$\phi(XT - \xi TX^*) = \phi(A_{ii}T - \xi TA_{ii}^*) + \phi(A_{ji}T - \xi TA_{ji}^*) \tag{3-50}$$

在式（3-49）中取 $T = P_j$，则有 $\phi(P_jX - \xi XP_j) = \phi(A_{ji})$。故由 ϕ 是单射可知 $P_jX - \xi XP_j = A_{ji}$，即 $X_{ji} + X_{jj} - \xi(X_{ij} + X_{jj}) = A_{ji}$，因为 $\xi \neq 0$，从而 $X_{ji} = A_{ji}, X_{jj} = 0$ 且 $X_{ij} = 0$。因此 $X = X_{ii} + A_{ji}$。在式（3-50）中取 $T = T_{ji}$，有

$$\phi(-\xi T_{ji}X_{ii}^* - \xi T_{ji}A_{ji}^*) = \phi(-\xi T_{ji}A_{ii}^*) + \phi(-\xi T_{ji}A_{ji}^*)$$

从而

$$\phi([P_i, -\xi T_{ji}X_{ii}^* - \xi T_{ji}A_{ji}^*]_*^{\xi}) = \phi([P_i, -\xi T_{ji}A_{ii}^*]_*^{\xi}) + \phi([P_i, -\xi T_{ji}A_{ji}^*]_*^{\xi})$$

则对任意的 $T_{ji} \in M_{ji}$ 有 $\phi(-\xi^2 T_{ji}X_{ii}^*) = \phi(-\xi^2 T_{ji}A_{ii}^*)$。因为 $\xi \neq 0$，所以 $X_{ii} = A_{ii}$。因此 $\phi(A_{ii} + A_{ji}) = \phi(A_{ii}) + \phi(A_{ji})$。

（3）设对 $X_{st} \in M_{st}$，有 $X = \sum_{s,t=1}^{2} X_{st}$ 且 $\phi(X) = \phi(A_{ij}) + \phi(A_{ji})$，则对任意的 $T \in M$，有

$$\phi(XT - \xi TX^*) = \phi(A_{ii}T - \xi TA_{ii}^*) + \phi(A_{ji}T - \xi TA_{ji}^*) \tag{3-51}$$

在式（3-51）中分别取 $T = P_i, T = P_j$ 则有

$$\phi(XP_i - \xi P_iX) = \phi(A_{ij} - \xi A_{ij}^*)$$

和

$$\phi(XP_j - \xi P_jX) = \phi(A_{ji} - \xi A_{ji}^*)$$

故由 ϕ 是单射可知，

$$XP_i - \xi P_i X = A_{ij} - \xi A_{ij}^*$$

和

$$XP_i - \xi P_i X = A_{ij} - \xi A_{ij}^*,$$

即

$$X_{ii} + X_{ji} - \xi X_{ii}^* - \xi X_{ji}^* = A_{ji} - \xi A_{ji}^*$$

和

$$X_{ij} + X_{jj} - \xi X_{ij}^* - \xi X_{jj}^* = A_{ij} - \xi A_{ij}^*$$

因为 $\xi \neq 1, \ \xi \neq 0$，从而 $X_{ji} = A_{ji}, X_{jj} = 0$ 且 $X_{ij} = A_{ij}, X_{ii} = 0$。

因此

$$\phi(A_{ij} + A_{ji}) = \phi(A_{ij}) + \phi(A_{ji})$$

（4）设对 $X_{st} \in M_{st}$，有 $X = \sum_{s,t=1}^{2} X_{st}$ 且 $\phi(X) = \phi(A_{ii}) + \phi(A_{jj})$，则对任意的的 $T \in M$，有

$$\phi(TX - \xi XT^*) = \phi(TA_{ii} - \xi A_{ii} T^*) + \phi(TA_{jj} - \xi A_{jj} T^*) \tag{3-52}$$

在式(3-52)中取 $T = P_i$，则有 $\phi(P_i X - \xi X P_i) = \phi(A_{ii} - \xi A_{ii})$。故由 ϕ 是单射可知 $P_i X - \xi X P_i = A_{ii} - \xi A_{ii}$，即 $X_{ii} + X_{ij} - \xi X_{ii} - \xi X_{ji} = A_{ji} - \xi A_{ii}$。因为 $\xi \neq 1$，从而 $X_{ii} = A_{ii}$，$X_{ji} = 0, X_{ij} = 0$。同理在式(3-52)中取 $T = P_j$ 可得 $X_{jj} = A_{jj}$，因此 $\phi(A_{ii} + A_{jj}) = \phi(A_{ii}) + \phi(A_{jj})$。证毕。

引理 3.20　设 $i, j = 1, 2$ 且 $i \neq j$，则对任意的 $A_{ii} \in M_{ii}, A_{ij} \in M_{ij}$ 和 $A_{ji} \in M_{ji}$，有 $\phi(A_{ii} + A_{ij} + A_{ji}) = \phi(A_{ii}) + \phi(A_{ij}) + \phi(A_{ji})$。

证明　设对 $X_{st} \in M_{st}$，有 $X = \sum_{s,t=1}^{2} X_{st}$ 且 $\phi(X) = \phi(A_{ii}) + \phi(A_{ij}) + \phi(A_{ji})$，则对任意的 $T \in M$，有

$$\phi(XT - \xi TX^*) = \phi(A_{ii}T - \xi TA_{ii}^*) + \phi(A_{ij}T - \xi TA_{ij}^*) + \phi(A_{ji}T - \xi TA_{ji}^*) \tag{3-53}$$

在式(3-53)中取$T=P_j$，则有$\phi(XP_j-\xi P_jX)=\phi(A_{ij}-\xi A_{ij}^*)$。故由$\phi$是单射可知$XP_j-\xi P_jX=A_{ij}-\xi A_{ij}^*$，即$X_{ij}+X_{jj}-\xi X_{ij}^*-\xi X_{jj}^*=A_{ij}-\xi A_{ij}^*$，因为$\xi\neq 0$，从而$X_{ij}=A_{ij}$，$X_{jj}=0$且$X_{ji}=A_{ji}$。因此$X=X_{ii}+A_{ij}+A_{ji}$。由引理 3.19 可知$\phi(X)=\phi(A_{ii}+A_{ij})+\phi(A_{ji})$。则对任意的$T\in M$，有

$$\phi(XT-\xi TX^*)=\phi((A_{ii}+A_{ij})T-\xi T(A_{ii}+A_{ij})^*)+\phi(A_{ji}T-\xi TA_{ji}^*) \quad (3\text{-}54)$$

在式（3-54）中取$T=T_{ji}$，有

$$\phi(XT_{ji}-\xi T_{ji}X^*)=\phi((A_{ii}+A_{ij})T_{ji}-\xi T_{ji}(A_{ii}+A_{ij})^*)+\phi(-\xi T_{ji}A_{ji}^*)$$

即

$$\phi(A_{ij}T_{ji}-\xi T_{ji}X_{ii}^*-\xi T_{ji}A_{ji}^*)=\phi(A_{ij}T_{ji}-\xi T_{ji}A_{ii}^*)+\phi(-\xi T_{ji}A_{ji}^*)$$

从而

$$\phi([P_i,A_{ij}T_{ji}-\xi T_{ji}X_{ii}^*-\xi T_{ji}A_{ji}^*]_*^{\xi})=\phi([P_i,A_{ij}T_{ji}-\xi T_{ji}A_{ii}^*]_*^{\xi})+\phi([P_i,-\xi T_{ji}A_{ji}^*]_*^{\xi})$$

则对任意的$T_{ij}\in M_{ij}$有$\phi(A_{ij}T_{ji}-\xi A_{ij}T_{ji}+\xi^2T_{ji}A_{ii}^*)=\phi(A_{ij}T_{ji}-\xi A_{ij}T_{ji}+\xi^2T_{ji}A_{ii}^*)$。因为$\xi\neq 0$，所以$X_{ii}=A_{ii}$。因此$\phi(A_{ii}+A_{ij}+A_{ji})=\phi(A_{ii})+\phi(A_{ij})+\phi(A_{ji})$。

引理 3.21 对任意的$A_{11}\in M_{11},A_{12}\in M_{12},A_{21}\in M_{21}$和$A_{22}\in M_{22}$，有$\phi(A_{11}+A_{12}+A_{21}+A_{22})=\phi(A_{11})+\phi(A_{12})+\phi(A_{21})+\phi(A_{22})$。

证明 设对$X_{st}\in M_{st}$，有$X=\sum_{s,t=1}^{2}X_{st}$且$\phi(X)=\phi(A_{11})+\phi(A_{12})+\phi(A_{21})+\phi(A_{22})$。由引理 3.19 可知$\phi(X)=\phi(A_{11}+A_{12}+A_{21})+\phi(A_{22})$，则对任意的$T\in M$，有

$$\phi(TX-\xi XT^*)=\phi(T(A_{11}+A_{12}+A_{21})-\xi(A_{11}+A_{12}+A_{21})T^*)+\phi(TA_{22}-\xi A_{22}T^*) \quad (3\text{-}55)$$

在式（3-55）中取$T=P_1$，则有

$$\phi(X_{11}+X_{12}-\xi X_{11}-\xi X_{21})=\phi(A_{11}+A_{12}-\xi A_{11}-\xi A_{21})$$

故由ϕ是单射可知

$$X_{11}+X_{12}-\xi X_{11}-\xi X_{21}=A_{11}+A_{12}-\xi A_{11}-\xi A_{21}$$

由此式及$\xi\neq 1$可得

$$X_{11}=A_{11}, X_{12}=A_{12} \text{ 且 } X_{21}=A_{21}$$

因此 $X=A_{11}+A_{12}+A_{21}+X_{22}$。

另外，由引理 3.20 可知 $\phi(X)=\phi(A_{11})+\phi(A_{12}+A_{21}+A_{22})$。则对任意的 $T\in M$，有

$$\phi(TX-\xi XT^*)=\phi(T(A_{22}+A_{12}+A_{21})-\xi(A_{22}+A_{12}+A_{21})T^*)+\phi(TA_{11}-\xi A_{11}T^*) \quad (3\text{-}56)$$

在式(3-56)中取取 $T=P_2$，类似于上面的讨论可得 $X_{22}=A_{22}$。因此 $\phi(A_{11}+A_{12}+A_{21}+A_{22})=\phi(A_{11})+\phi(A_{12})+\phi(A_{21})+\phi(A_{22})$。证毕。

引理 3.22　设 $i,j=1,2$ 且 $i\neq j$，则

（1）对任意的 $A_{ij}\in M_{ij}$ 和 $B_{ij}\in M_{ij}$，有 $\phi(A_{ij}+B_{ij})=\phi(A_{ij})+\phi(B_{ij})$；

（2）对任意的 $A_{ii},B_{ii}\in M_{ii}$，有 $\phi(A_{ii}+B_{ii})=\phi(A_{ii})+\phi(B_{ii})$。

证明　(1) 因为 $A_{ij}+B_{ij}-\xi A_{ij}^*-\xi B_{ij}A_{ij}^*=(P_i+A_{ij})(P_j+B_{ij})-\xi(P_j+B_{ij})(P_i+A_{ij})^*$。从而由引理 3.19、引理 3.20 和式（3-46）可得

$$\begin{aligned}
&\phi(A_{ij}+B_{ij})+\phi(-\xi A_{ij}^*)+\phi(-\xi B_{ij}A_{ij}^*)\\
&=\phi(P_i+A_{ij})\phi(P_j+B_{ij})-\xi\phi(P_j+B_{ij})\phi(P_i+A_{ij})^*\\
&=(\phi(P_i)+\phi(A_{ij}))(\phi(P_j)+\phi(B_{ij}))-\xi(\phi(P_j)+\phi(B_{ij}))(\phi(P_i)^*+\phi(A_{ij})^*)\\
&=\phi(P_i)\phi(P_j)+\phi(P_i)\phi(B_{ij})+\phi(A_{ij})\phi(P_j)+\phi(A_{ij})\phi(B_{ij})\\
&\quad-\xi\phi(P_j)\phi(P_i)^*-\xi\phi(B_{ij})\phi(P_i)^*-\xi\phi(P_j)\phi(A_{ij})^*-\xi\phi(B_{ij})\phi(A_{ij})^*\\
&=\phi(P_iP_j-\xi P_jP_i)+\phi(P_iB_{ij}-\xi B_{ij}P_i)\\
&\quad+\phi(A_{ij}P_j-\xi P_jA_{ij}^*)+\phi(A_{ij}B_{ij}-\xi B_{ij}A_{ij})^*)\\
&=\phi(A_{ij})+\phi(B_{ij})+\phi(-\xi A_{ij}^*)+\phi(-\xi B_{ij}A_{ij}^*)
\end{aligned}$$

因此 $\phi(A_{ij}+B_{ij})=\phi(A_{ij})+\phi(B_{ij})$。

(2) 设对 $X_{st}\in M_{st}$，有 $X=\sum_{s,t=1}^{2}X_{st}$ 且 $\phi(X)=\phi(A_{ii})+\phi(B_{ii})$，则对任意的 $T\in M$，有

$$\phi(TX-\xi XT^*)=\phi(TA_{ii}-\xi A_{ii}T^*)+\phi(TB_{ii}-\xi B_{ii}T^*) \quad (3\text{-}57)$$

和

$$\phi(XT-\xi TX^*)=\phi(A_{ii}T-\xi TA_{ii}^*)+\phi(B_{ii}T-\xi TB_{ii}^*) \quad (3\text{-}58)$$

在式（3-57）中取 $T=P_j$，则有 $\phi(P_jX-\xi XP_j)=\phi(0)$。故由 ϕ 是单射可知 P_jX-

$\xi XP_j = 0$，即 $X_{ji} + X_{jj} - \xi X_{ij} - \xi X_{jj} = 0$，因为 $\xi \neq 1, \xi \neq 0$，从而 $X_{ij} = 0, X_{jj} = 0$ 且 $X_{ji} = 0$。因此 $\phi(X_{ii}) = \phi(A_{ii}) + \phi(B_{ii})$。在式（3-58）中取 $T = T_{ij}$，由（1）的结论有

$$\phi(X_{ii}T_{ij}) = \phi(A_{ii}T_{ij}) + \phi(B_{ii}T_{ij}) = \phi(A_{ii}T_{ij}) + B_{ii}T_{ij}$$

则对任意的 $T_{ij} \in M_{ij}$，由 ϕ 的单射性有 $X_{ii} = A_{ii} + B_{ii}$。因此 $\phi(A_{ii} + B_{ii}) = \phi(A_{ii}) + \phi(b_{ii})$。证毕。

以下证明本节的主要定理。

定理 3.3 的证明 设 $A, B \in M$，则对 $A_{ij}, B_{ij} \in M_{ij}$，有 $A = \sum_{i,j=1}^{2} A_{ij}$ 和 $B = \sum_{i,j=1}^{2} B_{ij}$。从而由引理 3.21 和引理 3.22 可得

$$\phi(A + B) = \sum_{i,j=1}^{2} \phi(A_{ij} + B_{ij}) = \sum_{i,j=1}^{2} (\phi(A_{ij}) + \phi(B_{ij})) = \phi(A) + \phi(B)$$

证毕。

§3.5 注 记

有关线性 Lie 导子、保持某些具有特殊性质的算子乘积的线性映射的研究可见第 2 章的注记，对于非线性保持算子 Lie 乘积的映射可见文献[22]、[25]、[71]。

本章主要研究了因子 von Neumann 代数上的非线性*-Lie 映射。3.2 节讨论了非线性*-Lie 导子，得出因子 von Neumann 代数上的每一个非线性*-Lie 导子是一个可加的*-导子，并运用此结论给出了 $B(H)$ 上的非线性*-Lie 导子的具体形式。3.3 节主要讨论了非线性保*-Lie 积的双射，证明了两个因子 von Neumann 代数之间的非线性保*-Lie 积的双射是一个线性或共轭线性的*-同构。3.4 节得到了两个因子 von Neumann 代数之间的非线性保 ξ -*-Lie 积的双射是一个可加的映射。受研究方法所限，本章没有得到两个因子 von Neumann 代数之间的非线性保 ξ -*-Lie 积的双射的完整刻画。在此提出需要在今后的工作中进一步讨论的问题：

两个因子 von Neumann 代数之间的非线性保 ξ -*-Lie 积的双射有怎样的具体形式，是否也是一个线性的或共轭线性的*-同构。

第4章 算子代数上的Lie三重映射

§4.1 引　　言

近些年来，C^*-代数和 Banach 代数上的 Lie 三重映射的研究引起了学者们的关注。本章将研究一类可交换子空间格（简称为 CSL）代数上的 Lie 三重导子，并讨论套代数上的 Lie 三重同构。

以下给出本章所需的定义和记号。

定义 4.1 设 $\mathbf{A}$ 是负数域$\mathbb{C}$上的结合代数，M 是 $\mathbf{A}$ 的双边模，L: $\mathbf{A} \to M$ 是一个线性映射，若对任意的 $A, B \in \mathbf{A}$，有

$$L([A,B]) = [L(A),B] + [A,L(B)]$$

其中，$[A,B] = AB - BA$，则称 L 是一个 Lie 导子；若对任意的 $A,B,C \in \mathbf{A}$，有

$$L([[A,B],C]) = [[L(A),B],C] + [[A,L(B)],C] + [[A,B],L(C)]$$

则称 L 是一个 Lie 三重导子。

定义 4.2[91] 设 H 是复的可分 Hilbert 空间，$B(H)$ 表示 H 上的所有有界线性算子，H 上的一个子空间格 L 是 $B(H)$ 的一族正交投影，在强算子拓扑下是闭的且包含 0 和 I。记 $\mathrm{Alg}L = \{A \in B(H) : PAP = AP, P \in L\}$。若 L 的每一对投影是可交换的，则称 L 是可交换的子空间格或 CSL；Alg$L$ 被称为一个 CSL 代数。

一个全序闭子空间格称为套，并且其相应的代数成为套代数[12]。

定义 4.3[92] 设 L 是一个套且 $P \in L$，则 $P_+ = \inf\{Q \in L : Q > P\}$ 且 $P_- = \sup\{Q \in L : Q < P\}$。若 $P, Q \in L$ 且 $Q < P$，则称投影 $E = P - Q$ 是一个区间。

定义 4.4[92] 设 $L_1, L_2, \cdots, L_n$ 是一族套，若 E_i 是 L_i 的一个区间且乘积 $\prod_{i=1}^{n} E_i \neq 0$，则称 $L_1, L_2, \cdots, L_n$ 是不相关的。如果 L 是由有限多个可交换的不相关套生成的，

则称 L 为一个不相关的有限宽度 CSL。显然，套与套的张量积均为不相关的有限宽度的 CSL。

由文献[92]的引理 1.1 可知，CSL 代数 Alg$L$ 的一次换位是由 Alg$L$ 在 L 中的可约化投影生成的 von Neumann 代数。从而如果 L 是一个不相关的有限宽度的 CSL，则 Alg$L$ 的一次换位是 $\mathbb{C}I$ 。

§4.2 CSL代数上的Lie三重导子[93]

本节主要证明以下结果。

定理 4.1 设 L 是复可分 Hilbert 空间 H 上的不相关的有限宽度的 CSL 且 $\dim H \geqslant 3$ ，M 是任意一个 σ-弱闭的代数且包含 Alg$L$。若 $L:\mathrm{Alg}L \to M$ 是一个 Lie 三重导子，则对任意的 $A,B,C \in \mathrm{Alg}L$ 存在 $T \in M$ 及从 Alg$L$ 到 $\mathbb{C}$ 的线性映射 h 满足 $h([[A,B],C])=0$ ，使得对任意的 $X \in \mathrm{Alg}L$ ，有 $L(X)=XT-TX+h(X)I$ 。

为了证明定理 4.1，需要一些引理。以下总假设 L 是由一族不相关套 $L_1,L_2,\cdots,L_n$ 生成的 CSL。

引理 4.1 设 E 和 F 是 L 中的投影，

（1）若 $EF=0$ ，则 $E=0$ 或 $F=0$；

（2）若 $E^{\perp}F^{\perp}=0$ ，则 $E=I$ 或 $F=I$ 。

证明 （1）设 $P=\{\prod_{i=1}^{n}P_i : P_i \in L_i\}$ 。以下将证明若 $E \neq 0$ ，则存在非零投影 $Q \in P$ 使得 $Q \leqslant E$ 。

设 $\Omega=\{i:0_+=0 \text{ 且 } 0_+ \in L_i\}$ ，当 $\Omega=\varnothing$ 时，定义 $R=\prod_{i\notin\Omega}Q_i$ ，其中 $Q_i=0_+$ 属于 L_i（若 $\Omega=\{1,2,\cdots,n\}$ ，则设 $R=I$ ）。对任意的 $i\in\Omega$ ，存在非零递减的投影序列 $\{P_{i,k}:k\in\mathbb{N}\}\subset L_i$ 使得 $P_{i,k}$ 强算子收敛于 0。设 $M_k=\prod_{i\in\Omega}P_{i,k}$ 且 $N_k=\prod_{i\in\Omega}P_{i,k}^{\perp}$ ，则 N_k 强算子收敛于 I。因为 $L_1,L_2,\cdots,L_n$ 是不相关的，所以对任意的 $k\in\mathbb{N}$ 有 $RM_k\neq 0$ 。显然，$RM_k\in P$ 且 $RM_kB(H)N_k\subset \mathrm{Alg}L$ 。从而得到 $E^{\perp}RM_kB(H)N_kE=\{0\}$ 。若对任意的非零投影 $Q\in P$, 有 $Q\not\leq E$ 则 $E^{\perp}RM_k\neq 0$ 。从而对任意的 $k\in\mathbb{N}$ ，有 $N_kE=0$ 。令 $k\to\infty$ ，可得 $E=0$ ，与假设 $E\neq 0$ 矛盾。因此存在非零投影 $Q\in P$ 使得 $Q\leqslant E$ 。

当 $\Omega=\varnothing$ 时，定义 $G=\prod_{i=1}^{n}Q_i$ ，其中 $Q_i=0_+$ 属于 L_i 。从而 $G\in P\setminus\{0\}$ 且 $GB(H)\subset \mathrm{Alg}L$ 。若对任意的非零投影 $Q\in P$ ，有 $Q\not\leq E$ ，则 $E^{\perp}G\neq 0$ 。从而由

$E^{\perp}GB(H)E=\{0\}$ 可得 $E=0$，与假设 $E\neq 0$ 矛盾。因此存在非零投影 $Q\in P$，使得 $Q\leqslant E$。

现在若 $E\neq 0$ 且 $F\neq 0$，则存在非零投影 $E_1,F_1\in P$ 使得 $E_1\leqslant E$ 且 $F_1\leqslant F$，从而 $E_1F_1\leqslant EF$。由 $L_1,L_2,\cdots,L_n$ 的不相关性可得 $E_1F_1\neq 0$。因此 $EF\neq 0$，与假设矛盾。从而 $E=0$ 或 $F=0$。

（2）设 $L^{\perp}=\{Q^{\perp}:Q\in L\}$。显然，$L^{\perp}$ 是由不相关套 $L_1^{\perp},L_2^{\perp},\cdots,L_n^{\perp}$ 生成的。因为 $E^{\perp},F^{\perp}\in L^{\perp}$ 且 $E^{\perp}F^{\perp}=0$，从而由（1）可得 $E^{\perp}=0$ 或 $F^{\perp}=0$。因此，$E=I$ 或 $F=I$。证毕。

引理 4.2　设 $X,Y\in B(H)$，则 $X(\mathrm{Alg}L)Y=\{0\}$ 当且仅当存在投影 $Q\in L$ 使得 $XQ=0$ 且 $Q^{\perp}Y=0$。

证明　如果存在投影 $Q\in L$ 使得 $XQ=0$ 且 $Q^{\perp}Y=0$，则 $X=XQ^{\perp}$ 且 $Y=QY$。由此可得 $X(\mathrm{Alg}L)Y=XQ^{\perp}\mathrm{Alg}LQY=\{0\}$。

反之，设 H_0 是 $(\mathrm{Alg}L)YH$ 的闭包，Q 是 H 到 H_0 上的投影。则对任意的 $A\in \mathrm{Alg}L$，有 $Q^{\perp}AQ=0$。从而 $Q\in L$。显然，$XQ=0$ 且 $Q^{\perp}Y=0$。证毕。

为了方便，设 $P\in L$ 是一个非平凡投影，记 $\mathbf{A}_{11}=P(\mathrm{Alg}L)P$，$\mathbf{A}_{12}=P(\mathrm{Alg}L)P^{\perp}$ 且 $\mathbf{A}_{22}=P^{\perp}(\mathrm{Alg}L)P^{\perp}$。则 $\mathrm{Alg}L=\mathbf{A}_{11}+\mathbf{A}_{12}+\mathbf{A}_{22}$。

引理 4.3　$\mathbf{A}_{11}$ 在 $B(PH)$ 中的换位子是 $\mathbb{C}P$；$\mathbf{A}_{22}$ 在 $B(P^{\perp}H)$ 中的换位子是 $\mathbb{C}P^{\perp}$。

证明　设 $L_P=\{QP:Q\in L\}$，则 L_P 是 $B(PH)$ 中的一个 CSL 且 $\mathbf{A}_{11}=\mathrm{Alg}L_P$。设 E 是 $\mathbf{A}_{11}$ 在 L_P 里的可约化投影，则存在 $Q_1\in L$ 使得 $E=Q_1P$ 且 $E\mathbf{A}_{11}(P-E)=\{0\}$。从而 $Q_1P(\mathrm{Alg}L)Q_1^{\perp}P=\{0\}$。由引理 4.2 可知，存在 $Q_2\in L$ 使得

$$Q_1PQ_2=0 \text{ 和 } Q_2^{\perp}Q_1^{\perp}P=0$$

如果 $E=Q_1P\neq 0$，由 $Q_1P\in L$ 和引理 4.1（1）可得 $Q_2=0$。则 $Q_1^{\perp}P=0$，即 $E=Q_1P=P$。这证明了 E 是 L_P 的平凡投影。由文献[91]的引理 1.1 可知，$\mathbf{A}_{11}$ 的换位子是 $\mathbb{C}P$。

设 $L_{P^{\perp}}=\{QP^{\perp}:Q\in L\}$，则 $L_{P^{\perp}}$ 是 $B(P^{\perp}H)$ 中的 CSL 且 $\mathbf{A}_{22}=\mathrm{Alg}L_{P^{\perp}}$。设 E 是 $\mathbf{A}_{22}$ 在 $L_{P^{\perp}}$ 中的可约化投影，则存在一个 $Q_1\in L$ 使得 $E=Q_1P^{\perp}$ 且 $EA_{22}(P^{\perp}-E)=\{0\}$。从而 $Q_1P^{\perp}(\mathrm{Alg}L)Q_1^{\perp}P^{\perp}=\{0\}$。由引理可知，存在 $Q_2\in L$ 使得

$$Q_1P^{\perp}Q_2=0 \text{ 且 } Q_2^{\perp}Q_1^{\perp}P^{\perp}=0$$

如果 $E=Q_1P^{\perp}\neq P^{\perp}$，则 $Q_1^{\perp}P^{\perp}=(P\vee Q_1)^{\perp}\neq I$，其中 $P\vee Q_1=P+Q_1-PQ_1\in L$，故由引理 4.1（2）可得 $Q_2=I$。因此，$E=Q_1P^{\perp}=0$。这证明了 E 是 $L_{P^{\perp}}$ 中的平凡投

影。由文献[91]的引理 1.1，$\mathbf{A}_{22}$ 的换位子是 $\mathbb{C}P^{\perp}$。证毕。

引理 4.4 设 $X \in B(H)$，

（1）如果对任意的 $A_{12} \in \mathbf{A}_{12}$ 有 $X\mathbf{A}_{12} = 0$，则 $XP = 0$；

（2）如果对任意的 $A_{12} \in \mathbf{A}_{12}$ 有 $\mathbf{A}_{12}X = 0$，则 $P^{\perp}X = 0$。

证明 （1）因为 $\mathbf{A}_{12} = P(\mathrm{Alg}L)P^{\perp}$，所以 $XP(\mathrm{Alg}L)P^{\perp} = \{0\}$。从而由引理 4.2 可知存在 $Q \in L$，使得 $XPQ = 0$ 且 $Q^{\perp}P^{\perp} = 0$。由引理 4.1（2）可得 $Q = I$。因此 $XP = 0$。

（2）由 $P(\mathrm{Alg}L)P^{\perp}X = \{0\}$ 和引理 4.2 可知，存在 $Q \in L$，使得 $PQ = 0$ 且 $Q^{\perp}P^{\perp}X = 0$。从而由引理 4.1（1）可得 $Q = 0$。因此 $P^{\perp}X = 0$。证毕。

引理 4.5 设 $L: \mathrm{Alg}L \to M$ 是一个 Lie 三重导子，则

（1）对任意的 $A_{11} \in \mathbf{A}_{11}$，有 $P^{\perp}L(\mathbf{A}_{11})P^{\perp} \in \mathbb{C}P^{\perp}$；

（2）对任意的 $A_{22} \in \mathbf{A}_{22}$，有 $PL(\mathbf{A}_{22})P \in \mathbb{C}P$。

证明 （1）设 $X \in \mathrm{Alg}L$ 且 $C \in \mathbf{A}_{22}$，则对任意的 $A_{11} \in \mathbf{A}_{22}$，由 L 的定义可知

$$[[L(A_{11}), C] + [A_{11}, L(C)], X] = L([[A_{11}, C], X] = 0$$

因为 $\mathrm{Alg}L$ 的换位子是 $\mathbb{C}I$，从而

$$[L(A_{11}), C] + [A_{11}, L(C)] \in \mathbb{C}I$$

因为 $P^{\perp}[A_{11}, L(C)]P^{\perp} = 0$，所以 $P^{\perp}[L(A_{11}), C]P^{\perp} \in \mathbb{C}P^{\perp}$。即对任意的 $A_{11} \in \mathbf{A}_{11}$ 和 $C \in \mathbf{A}_{22}$，有

$$P^{\perp}L(A_{11})P^{\perp}C - CP^{\perp}L(A_{11})P^{\perp} \in \mathbb{C}P^{\perp}$$

记 $\varphi(C) = P^{\perp}L(A_{11})P^{\perp}C - CP^{\perp}L(A_{11})P^{\perp}$。则 $\varphi: \mathbf{A}_{22} \to \mathbb{C}P^{\perp}$ 是线性映射且 $\varphi(CP^{\perp}) = 0$。如果对 $C \in \mathbf{A}_{22}$ 有 $\varphi(C) \neq 0$，则由 $2\varphi(C)C = \varphi(C^2) \in \mathbb{C}P^{\perp}$ 可得 $C \in \mathbb{C}P^{\perp}$。则 $\varphi(C) = 0$，与假设矛盾。因此对任意的 $C \in \mathbf{A}_{22}$ 有 $\varphi(C) = 0$。即

$$P^{\perp}L(A_{11})P^{\perp}C = CP^{\perp}L(A_{11})P^{\perp}$$

这证明了 $P^{\perp}L(A_{11})P^{\perp}$ 属于 $\mathbf{A}_{22}$ 在 $B(P^{\perp}H)$ 中的换位子。由引理 4.3 可知，对任意的 $A_{11} \in \mathbf{A}_{11}$，有 $P^{\perp}L(A_{11})P^{\perp} \in \mathbb{C}P^{\perp}$。类似于（1）的证明，可以证明（2）也成立。证毕。

引理 4.6 设 $L: \mathrm{Alg}L \to M$ 是一个 Lie 三重导子并且设 $U = P^{\perp}L(P)P - PL(P)P^{\perp}$，则

（1）对任意的 $A_{11} \in \mathbf{A}_{11}$，有 $L(A_{11}) = UA_{11} - A_{11}U + PL(A_{11})P + P^{\perp}L(A_{11})P^{\perp}$；

（2）对任意的 $A_{22} \in \mathbf{A}_{22}$，有 $L(A_{22}) = UA_{22} - A_{22}U + PL(A_{22})P + P^{\perp}L(A_{22})P^{\perp}$；

（3）对任意的 $A_{12} \in \mathbf{A}_{12}$，有 $L(A_{12}) = UA_{12} - A_{12}U + PL(A_{12})P^{\perp}$。

证明　（1）设 $A_{11} \in \mathbf{A}_{11}$，由 $[[A_{11}, P], P] = 0$ 可得

$$\begin{aligned} 0 &= [[L(A_{11}), P], P] + [[A_{11}, L(P)], P] \\ &= L(A_{11})P - 2PL(A_{11})P + PL(A_{11}) \\ &\quad + A_{11}L(P)P - L(P)A_{11} - A_{11}L(P) + PL(P)A_{11} \end{aligned}$$

故

$$PL(A_{11})P^{\perp} = A_{11}L(P)P^{\perp} \text{ 且 } P^{\perp}L(A_{11})P = P^{\perp}L(P)A_{11}$$

因此

$$\begin{aligned} L(A_{11}) &= PL(A_{11})P^{\perp} + P^{\perp}L(A_{11})P + PL(A_{11})P + P^{\perp}L(A_{11})P^{\perp} \\ &= UA_{11} - A_{11}U + PL(A_{11})P + P^{\perp}L(A_{11})P^{\perp} \end{aligned}$$

（2）设 $A_{22} \in \mathbf{A}_{22}$，由 $[[P, A_{22}], P] = 0$ 可得

$$\begin{aligned} 0 &= [[L(P), A_{22}], P] + [[P, L(A_{22})], P] \\ &= -A_{22}L(P)P - PL(P)A_{22} + 2PL(A_{22})P - L(A_{22})P - PL(A_{22}) \end{aligned}$$

从而

$$PL(A_{22})P^{\perp} = -PL(P)A_{22} \text{ 且 } P^{\perp}L(A_{22})P = -A_{22}L(P)P$$

因此

$$\begin{aligned} L(A_{22}) &= PL(A_{22})P^{\perp} + P^{\perp}L(A_{22})P + PL(A_{22})P + P^{\perp}L(A_{22})P^{\perp} \\ &= UA_{22} - A_{22}U + PL(A_{22})P + P^{\perp}L(A_{22})P^{\perp} \end{aligned}$$

（3）设 $A_{12} \in \mathbf{A}_{12}$，因为 $A_{12} = [[A_{12}, P], P]$，所以

$$\begin{aligned} L(A_{12}) &= [[L(A_{12}), P], P] + [[A_{12}, L(P)], P] + [[A_{12}, P], L(P)] \\ &= L(A_{12})P - 2PL(A_{12})P + PL(A_{12}) \\ &\quad + A_{12}L(P)P + PL(P)A_{12} + L(P)A_{12} - 2A_{12}L(P) \end{aligned}$$

从而

$$PL(A_{12})P=-A_{12}L(P)P \text{ 且 } P^{\perp}L(A_{12})P^{\perp}=P^{\perp}L(P)A_{12} \tag{4-1}$$

接下来证明 $P^{\perp}L(A_{12})P=0$。设 $A_{12},T_{12}\in\mathbf{A}_{12}$，则对任意的 $X\in\mathrm{Alg}L$，由 $[[T_{12},A_{12}],X]=0$ 可得

$$[[L(T_{12}),A_{12}]+[T_{12},L(A_{12})],X]=L([[T_{12},A_{12}],X])=0$$

从而

$$[L(T_{12}),A_{12}]+[T_{12},L(A_{12})]\in\mathbb{C}I \tag{4-2}$$

另外，由 $[T_{12},[P,A_{12}]]=0$ 可得

$$\begin{aligned}0&=[L(T_{12}),[P,A_{12}]]+[T_{12},[L(P),A_{12}]]+[T_{12},[P,L(A_{12})]]\\&=[L(T_{12}),A_{12}]+[T_{12},[L(P),A_{12}]]+[T_{12},[P,L(A_{12})]]\end{aligned}$$

由此式和式（4-2）可得

$$[T_{12},L(A_{12})]-[T_{12},[L(P),A_{12}]]-[T_{12},[P,L(A_{12})]]\in\mathbb{C}I \tag{4-3}$$

给式(4-3)左乘 $P^{\perp}$ 右乘 P，则对任意的 $T_{12}\in\mathbf{A}_{12}$ 有 $P^{\perp}L(A_{12})T_{12}\in\mathbb{C}P^{\perp}$ 和 $T_{12}L(A_{12})P\in\mathbb{C}P$。设 $f(T_{12})$ 和 $g(T_{12})$ 是分别出现在 $P^{\perp}L(A_{12})T_{12}$ 和 $T_{12}L(A_{12})P$ 里的数，即

$$P^{\perp}L(A_{12})T_{12}=f(T_{12})P^{\perp},\ T_{12}L(A_{12})P=g(T_{12})P$$

从而对任意的 $X_{22}\in\mathbf{A}_{22}$ 有

$$f(T_{12})X_{22}=P^{\perp}L(A_{12})T_{12}X_{22}=f(T_{12}X_{22})P^{\perp} \tag{4-4}$$

并且对任意的 $X_{11}\in\mathbf{A}_{11}$ 有

$$g(T_{12})X_{11}=X_{11}T_{12}L(A_{12})P=g(X_{11}T_{12})P \tag{4-5}$$

因为 $\dim H\geqslant 3$，故 $\dim P^{\perp}H\geqslant 2$ 或 $\dim PH\geqslant 2$。

假设 $\dim P^{\perp}H\geqslant 2$，如果对某些 $T_{12}\in\mathbf{A}_{12}$ 有 $f(T_{12})\neq 0$，则对任意的 $X_{22}\in\mathbf{A}_{22}$，由式（4-4）可得 $X_{22}\in\mathbb{C}P^{\perp}$，从而 $\mathbf{A}_{22}$ 在 $B(P^{\perp}H)$ 中的换位子是 $B(P^{\perp}H)\neq\mathbb{C}P^{\perp}$，与引理 4.3 的结果相矛盾。因此对任意的 $T_{12}\in\mathbf{A}_{12}$ 有 $P^{\perp}L(A_{12})T_{12}=f(T_{12})P^{\perp}=0$。对任意的 $A_{12}\in\mathbf{A}_{12}$，由引理 4.4（1）可得，$P^{\perp}L(A_{12})P=0$。

假设 $\dim PH\geqslant 2$，如果对某些 $T_{12}\in\mathbf{A}_{12}$ 有 $g(T_{12})\neq 0$，则对任意的 $X_{11}\in\mathbf{A}_{11}$ 由式（4-5）可得，$X_{11}\in\mathbb{C}P$，从而 $\mathbf{A}_{11}$ 在 $B(PH)$ 中的换位子是 $B(PH)\neq\mathbb{C}P$，矛盾。

因此对任意的$T_{12}\in \mathbf{A}_{12}$有$T_{12}L(A_{12})P=g(T_{12})P=0$。对任意的$A_{12}\in \mathbf{A}_{12}$，由引理 4.4（2）可得，$P^{\perp}L(A_{12})P=0$。从而对任意的$A_{12}\in \mathbf{A}_{12}$，由式（4-1）可得

$$\begin{aligned}L(A_{12})&=PL(A_{12})P+P^{\perp}L(A_{12})P^{\perp}+P^{\perp}L(A_{12})P+PL(A_{12})P^{\perp}\\&=UA_{12}-A_{12}U+PL(A_{12})P^{\perp}\end{aligned}$$

证毕。

注 4.1　由引理 4.5，对每一个$A_{11}\in \mathbf{A}_{11}$和$A_{22}\in \mathbf{A}_{22}$，定义$f_P(A_{11})$和$g_P(A_{22})$分别为出现在$P^{\perp}L(A_{11})P^{\perp}$和$PL(A_{22})P$里的数。即

$$P^{\perp}L(A_{11})P^{\perp}=f_P(A_{11})P^{\perp},\ PL(A_{22})P=g_P(A_{22})P$$

显然，f_p是从$\mathbf{A}_{11}$到$\mathbb{C}$里的线性映射，满足对任意的$X_{11},Y_{11},Z_{11}\in \mathbf{A}_{11}$有$f_p([[X_{11},Y_{11}],Z_{11}])=0$。$g_p$是从$\mathbf{A}_{22}$到$\mathbb{C}$里的线性映射，满足对任意的$X_{22},Y_{22},Z_{22}\in \mathbf{A}_{22}$有$g_P([[X_{22},Y_{22}],Z_{22}])=0$。设$U=P^{\perp}L(P)P-PL(P)P^{\perp}$。对$X\in \mathrm{Alg}L$，定义

$$h_P(X)=f_P(PXP)+g_P(P^{\perp}XP^{\perp})$$

和

$$\delta(X)=L(X)-(UX-XU)-h_p(X)I$$

则$h_p:\mathrm{Alg}L\to \mathbb{C}$是一个线性映射，满足对任意的$X,Y,Z\in \mathrm{Alg}L$有$h_P[[X,Y],Z]=0$。因此，$\delta$也是一个 Lie 三重导子。

记$M_{11}=PMP$，$M_{12}=PMP^{\perp}$和$M_{22}=P^{\perp}MP^{\perp}$。则有以下引理。

引理 4.7　设δ满足注 4.1，则对任意的$A_{ij}\in \mathbf{A}_{ij}(1\leqslant i\leqslant j\leqslant 2)$，有$\delta(P^{\perp})=0$和$\delta(A_{ij})\in M_{ij}$。

证明　设$A_{12}\in \mathbf{A}_{12}$，从而由$A_{12}=[[A_{12},P^{\perp}],P^{\perp}]$可得

$$\begin{aligned}L(A_{12})&=[[L(A_{12}),P^{\perp}],P^{\perp}]+[[A_{12},L(P^{\perp})],P^{\perp}]+[[A_{12},P^{\perp}],L(P^{\perp})]\\&=L(A_{12})P^{\perp}-2P^{\perp}L(A_{12})P^{\perp}+P^{\perp}L(A_{12})\\&\quad+A_{12}L(P^{\perp})P^{\perp}-L(P^{\perp})A_{12}+P^{\perp}L(P^{\perp})A_{12}\end{aligned}$$

由此可得$A_{12}L(P^{\perp})P^{\perp}=PL(P^{\perp})A_{12}=g_P(P^{\perp})A_{12}$。即对任意的$A_{12}\in \mathbf{A}_{12}$，有

$$A_{12}(L(P^{\perp})P^{\perp}-g_P(P^{\perp})I)=0$$

由引理 4.4（2）可得，$P^{\perp}L(P^{\perp})P^{\perp}=g_P(P^{\perp})P^{\perp}$。因此由引理 4.6（2）

$$\begin{aligned}\delta(P^{\perp}) &= L(P^{\perp}) - (UP^{\perp} - P^{\perp}U) - h_P(P^{\perp})I \\ &= PL(P^{\perp})P + P^{\perp}L(P^{\perp})P^{\perp} - h_P(P^{\perp})I \\ &= g_P(P^{\perp})P + g_P(P^{\perp})P^{\perp} - g_P(P^{\perp})I = 0\end{aligned}$$

因为

$$h_P(A_{12}) = h_P([[A_{12}, P], P]) = 0$$

则对任意的 $A_{12} \in \mathbf{A}_{12}$，由 δ 的定义和引理 4.6（3）可得

$$\delta(A_{12}) = L(A_{12}) - (UA_{12} - A_{12}U) = PL(A_{12})P^{\perp} \in M_{12}$$

设 $A_{11} \in \mathbf{A}_{11}$，则由引理 4.6（1）可得

$$\begin{aligned}\delta(A_{11}) &= L(A_{11}) - (UA_{11} - A_{11}U) - h_P(A_{11})I \\ &= PL(A_{11})P + P^{\perp}L(A_{11})P^{\perp} - f_P(A_{11})I \\ &= PL(A_{11})P + f_P(A_{11})P^{\perp} - f_P(A_{11})I \\ &= PL(A_{11})P - f_P(A_{11})P \in M_{11}\end{aligned}$$

类似地，对任意的 $A_{22} \in \mathbf{A}_{22}$ 由引理 4.6（2）可得 $\delta(A_{22}) \in M_{22}$。证毕。

引理 4.8　设 $1 \leqslant i \leqslant j \leqslant 2$ 和 $1 \leqslant k \leqslant l \leqslant 2$，则对任意的 $A_{ij} \in \mathbf{A}_{ij}$ 和 $B_{kl} \in \mathbf{A}_{kl}$ 有 $\delta(A_{ij}B_{kl}) = \delta(A_{ij})B_{kl} + A_{ij}\delta(B_{kl})$。

证明　由引理 4.7，对所有的 $j \neq k$，有 $\delta(A_{ij}B_{kl}) = \delta(A_{ij})B_{kl} + A_{ij}\delta(B_{kl}) = 0$。因此要证引理的结果，仅需要证明 $\delta(A_{1i}B_{i2}) = \delta(A_{1i})B_{i2} + A_{1i}\delta(B_{i2})$ 和 $\delta(A_{ii}B_{ii}) = \delta(A_{ii})B_{ii} + A_{ii}\delta(B_{ii})$。

设 $A_{1i} \in \mathbf{A}_{1i}$ 和 $B_{i2} \in \mathbf{A}_{i2}$，则由 $A_{1i}B_{i2} = [[A_{1i}, B_{i2}], P^{\perp}]$ 和引理 4.7 可得

$$\begin{aligned}\delta(A_{1i}B_{i2}) &= [[\delta(A_{1i}), B_{i2}], P^{\perp}] + [[A_{1i}, \delta(B_{i2})], P^{\perp}] + [[A_{1i}, B_{i2}], \delta(P^{\perp})] \\ &= \delta(A_{1i})B_{i2} + A_{1i}\delta(B_{i2})\end{aligned}$$

设 $A_{11}, B_{11} \in \mathbf{A}_{11}$ 和 $X_{12} \in \mathbf{A}_{12}$，则由上面的等式可得

$$\delta(A_{11}B_{11}X_{12}) = \delta(A_{11}B_{11})X_{12} + A_{11}B_{11}\delta(X_{12}) \tag{4-6}$$

另外，有

$$\begin{aligned}\delta(A_{11}B_{11}X_{12}) &= \delta(A_{11})B_{11}X_{12} + A_{11}\delta(B_{11}X_{12}) \\ &= \delta(A_{11})B_{11}X_{12} + A_{11}(\delta(B_{11})X_{12} + B_{11}\delta(X_{12})) \\ &= \delta(A_{11})B_{11}X_{12} + A_{11}\delta(B_{11})X_{12} + A_{11}B_{11}\delta(X_{12})\end{aligned}$$

从而对任意的 $X_{12} \in \mathbf{A}_{12}$，由此式和式（4-6）可得

$$(\delta(A_{11}B_{11}) - \delta(A_{11})B_{11} - A_{11}\delta(B_{11}))X_{12} = 0$$

故由引理 4.4（1）和引理 4.7 可得

$$\delta(A_{11})B_{11} = \delta(A_{11})B_{11} + A_{11}\delta(B_{11})$$

设 $A_{22}, B_{22} \in \mathbf{A}_{22}$ 和 $X_{12} \in \mathbf{A}_{12}$，则

$$\delta(X_{12}A_{22}B_{22}) = \delta(X_{12}A_{22})B_{22} + X_{12}\delta(A_{22}B_{22}) \tag{4-7}$$

另外，有

$$\begin{aligned}\delta(X_{12}A_{22}B_{22}) &= \delta(X_{12}A_{22})B_{22} + X_{12}A_{22}\delta(B_{22}) \\ &= (\delta(X_{12})A_{22} + X_{12}\delta(A_{22}))B_{22} + X_{12}A_{22}\delta(B_{22}) \\ &= \delta(X_{12})A_{22}B_{22} + X_{12}\delta(A_{22})B_{22} + X_{12}A_{22}\delta(B_{22})\end{aligned}$$

故对任意的 $X_{12} \in \mathbf{A}_{12}$ 由此式和式（4-7）可知

$$X_{12}(\delta(A_{22}B_{22}) - \delta(A_{22})B_{22} - A_{22}\delta(B_{22})) = 0$$

因此，由引理 4.4（2）和引理 4.7 有

$$\delta(A_{22})B_{22} = \delta(A_{22})B_{22} + A_{22}\delta(B_{22})$$

证毕。

现在来证本节的主要定理。

定理 4.1 的证明　如果 L 是平凡的，则 $\mathrm{Alg}L = B(H)$，从而由文献[94]的结果可知定理的结论是正确的。如果 L 是非平凡的。设 $P \in L$ 是固定的非平凡投影，δ 满足注 4.1 的条件。设 $A, B \in \mathrm{Alg}L$，则 $A = A_{11} + A_{12} + A_{22}$ 且 $B = B_{11} + B_{12} + B_{22}$，其中 $A_{ij}, B_{ij}, \in \mathbf{A}_{ij}$ $(1 \leqslant i \leqslant j \leqslant 2)$。由引理 4.8 可得

$$\begin{aligned}\delta(AB) &= \sum_{i\leqslant j}^{2}\sum_{k\leqslant l}^{2}\delta(A_{ij}B_{kl}) \\ &= \sum_{i\leqslant j}^{2}\sum_{k\leqslant l}^{2}(\delta(A_{ij})B_{kl} + A_{ij}\delta(B_{kl})) \\ &= \delta(A)B + A\delta(B)\end{aligned}$$

从而 δ 是从 $\mathrm{Alg}L$ 到 M 的一个导子。由文献[92]的定理 3.1 可知，对任意的 $X \in \mathrm{Alg}L$，

存在 $S \in M$，使得 $\delta(X)=XS-SX$。因此对任意的 $X \in \mathrm{Alg}L$，有

$$L(X)=\delta(X)+XU-UX+h_P(X)I=XT-TX+h(X)I$$

其中 $h=h_p$ 且 $T=S+U \in M$。证毕。

注 4.2　由定理 4.1 的证明可以看出对每一个非平凡投影 $P \in L$，都存在 $T_P \in M$ 和从 $\mathrm{Alg}L$ 到 $\mathbb{C}$ 里的线性映射 h_p 使得 $L(X)=XT_P-T_PX+h_P(X)I$。事实上，对非平凡投影 $P,Q \in L$，可以证明 $h_p=h_Q$ 且 $T_P-T_Q \in \mathbb{C}I$。

设 $E \in L$ 是一个非平凡投影。显然对任意的 $A \in \mathrm{Alg}L$，有

$$EAE^{\perp} \in [[\mathrm{Alg}L, \mathrm{Alg}L], \mathrm{Alg}L]$$

故 $h_P(EAE^{\perp})=h_Q(EAE^{\perp})=0$ 且

$$L(EAE^{\perp})=EAE^{\perp}T_P-T_PEAE^{\perp}=EAE^{\perp}T_Q-T_QEAE^{\perp}$$

从而对任意的 $A \in \mathrm{Alg}L$，有

$$EAE^{\perp}(T_P-T_Q)=(T_P-T_Q)EAE^{\perp} \tag{4-8}$$

因此 $E^{\perp}(T_P-T_Q)E(\mathrm{Alg}L)E^{\perp}=\{0\}$。故由引理 4.4（1）可知 $E^{\perp}(T_P-T_Q)E=0$。设 $X \in \mathrm{Alg}L$，给式（4-8）左乘 EXE 可得

$$EXEAE^{\perp}(T_P-T_Q)=EXE(T_P-T_Q)EAE^{\perp} \tag{4-9}$$

另外，又由式（4-8）可得

$$EXEAE^{\perp}(T_P-T_Q)=(T_P-T_Q)EXEAE^{\perp}$$

由此式和式（4-9）可证得

$$(EXE(T_P-T_Q)E-E(T_P-T_Q)EXE)E(\mathrm{Alg}L)E^{\perp}=\{0\}$$

由引理 4.4（1）可知，对任意的 $X \in \mathrm{Alg}L$，有

$$EXE(T_P-T_Q)E-E(T_P-T_Q)EXE=0 \tag{4-10}$$

因为 $L(X)=XT_P-T_PX+h_P(X)I=XT_Q-T_QX+h_Q(X)I$，所以

$$(h_Q(X)-h_P(X))I=X(T_P-T_Q)-(T_P-T_Q)X \tag{4-11}$$

给式（4-11）的两边都乘以 E 可得

$$(h_Q(X) - h_P(X))E = EX(T_P - T_Q)E - E(T_P - T_Q)XE \tag{4-12}$$

因为 $E^{\perp}(T_P - T_Q)E = 0$ 且 $X \in \mathrm{Alg}L$，所以 $(T_P - T_Q)E = E(T_P - T_Q)E$ 和 $XE = EXE$。则式（4-12）变为

$$(h_Q(X) - h_P(X))E = EXE(T_P - T_Q)E - E(T_P - T_Q)EXE$$

由此式和式（4-10）可证 $h_Q = h_P$。从而对任意的 $X \in \mathrm{Alg}L$，由式（4-11）可得

$$X(T_P - T_Q) = (T_P - T_Q)X$$

从而 $T_P - T_Q \in \mathbb{C}I$。

由定理 4.1 可以得到以下推论。

推论 4.1　设 L_i 是复的可分 Hilbert 空间 H_i $(i = 1, 2, \cdots, n)$，上的套且 $L = L_1 \otimes L_2 \otimes \cdots \otimes L_n$，$M$ 是任意的 σ-弱闭的代数包含 Alg$L$。如果 $L : \mathrm{Alg}L \to M$ 是一个 Lie 三重导子，则对任意的 $A, B, C \in \mathrm{Alg}L$，存在 $T \in M$ 和从 Alg$L$ 到 $\mathbb{C}$ 中的线性映射 h 满足 $h([[A,B],C]) = 0$，使得 $L(X) = XT - TX + h(X)I$。

§4.3　套代数上的Lie三重同构[95]

本节主要对定理 4.2 进行证明。

定理 4.2　设 N 和 M 是复可分 Hilbert 空间 H 上的套且 H 的维数大于 2，若 $\theta : \tau(N) \to \tau(M)$ 是一个线性的 Lie 三重同构，则对任意的 $x \in \tau(N)$，L 具有形式

$$L(x) = \pm\theta(x) + h(x)$$

其中 $\theta : \tau(N) \to \tau(M)$ 是一个同构或反同构，$\theta : \tau(N) \to \mathbb{C}I$ 是一个线性映射，使得对任意的 $x, y, z \in \tau(N)$ 有 $h([[x, y], z]) = 0$。

为了证明这个定理，我们需要一些引理。

引理 4.9[12]　$Z(\tau(N)) = \mathbb{C}I$。

引理 4.10[96]　设 R 是一个环且 $B : R \times R \to R$ 是一个双可加映射，映射 $x \mapsto B(x, x)$ 是一个可中心化的映射。若 R 是 2 无扭的，3 无扭的，并且 R 的中心 Z 不包含任何非零的幂零元，（特别地，若 R 是半素的，）则映射 $x \mapsto B(x, x)$ 是可交换的。

引理 4.11[86] 设 N 是复可分 Hilbert 空间 H 上的套。则对任意的 $x \in \tau(N)$，每一个迹双线性可交换映射 $q:\tau(N) \to \tau(N)$ 是真的，即，

$$q(x) = \lambda x^2 + \mu(x)x + \nu(x)$$

其中 $\lambda \in \mathbb{C}I$，$\mu:\tau(N) \to \mathbb{C}I$ 是一个线性映射，$\nu:\tau(N) \to \mathbb{C}I$ 是一个迹双线性映射。

引理 4.12[86] 设 N 是维数大于 1 的复可分 Hilbert 空间 H 上的套，则 $\tau(N)$ 是非交换的。

引理 4.13[86] 设 N 是维数大于 2 的复可分 Hilbert 空间 H 上的套，则 $[[x^2,y],[x,y]]$ 不是 $\tau(N)$ 上的多项式恒等式。

下面我们来证明定理 4.2。

证明 对任意的 $x,z \in \tau(N)$，在

$$L([[x,y],z]) = [[L(x),L(y)],L(z)]$$

中用 x^2 替换 y 得

$$[[L(x),L(x^2)],L(z)] = 0$$

因为 L 是满射，这意味着

$$[L(x),L(x^2)] \in \mathbb{C}I$$

对 $y \in \tau(M)$，在上式中用 $L^{-}(y)$ 代替 x 得 $[y,L(L^{-}(y))^2] \in \mathbb{C}I$。从而 $L(L^{-}(y))^2$ 是一个迹双线性映射 $B:\tau(M)\times\tau(M) \to \tau(M)$，即

$$B(y,z) = L(L^{-}(y)L^{-}(z))$$

从而 $[y,B(y,y)] \in \mathbb{C}I$。由引理 4.10，对任意的 $y \in \tau(M)$ 有 $[y,B(y,y)] = 0$，又由引理 4.11 可得

$$B(y,y) = L(L^{-}(y))^2 = \lambda y^2 + \mu_1(y)y + \nu_1(y) \tag{4-13}$$

其中 $\lambda \in \mathbb{C}I$，$\mu_1:\tau(M) \to \mathbb{C}I$ 是一个线性映射，$\nu_1:\tau(M) \to \mathbb{C}I$ 是一个迹双线性映射。由式（4-13），对任意的 $x \in \tau(N)$，

$$L(x^2) = \lambda L(x)^2 + \mu_1(L(x))L(x) + \nu_1(L(x)) \tag{4-14}$$

设 $\mu = \mu_1 L, \nu = \nu_1 L$，故 μ,ν 是 $\tau(N) \to \mathbb{C}I$ 的映射，且 μ 是线性的。从而式（4-14）

记为

$$L(x^2)=\lambda L(x)^2+\mu(x)L(x)+\nu(x) \tag{4-15}$$

为了证明 $\lambda\neq 0$，我们首先证明 $L:\mathbb{C}I\to\mathbb{C}I$ 是满的。因为 L 是线性的，我们只需证明 $L(I)\in\mathbb{C}I$。在 $[L(x^2),L(x)]=0$ 中用 $x+I$ 代替 x 得

$$[L(x^2)+2L(x)+L(I),L(x)+L(I)]=0$$

由于 $[L(x^2),L(x)]=0$，则对任意的 $x\in\tau(N)$ 有

$$[L(x^2+x),L(I)]=0$$

在此关系式中用 $x+I$ 代替 x 得 $2[L(x),L(I)]=0$。因为 L 是满的，所以 $L(I)\in\mathbb{C}I$。

假设 $\lambda\neq 0$，则对每一个 $x\in\tau(N)$ 由式（4-15）有

$$L(x^2)-\mu(x)L(x)\in\mathbb{C}I$$

由于 $\mu:\tau(N)\to\mathbb{C}I$，可记 $\mu(x)=g(x)I$，$g(x)\in\mathbb{C}$。因此，$L(x^2-g(x)x)\in\mathbb{C}I$。而 $L:\mathbb{C}I\to\mathbb{C}I$ 是满的，则 $x^2-g(x)x\in\mathbb{C}I$。从而对任意的 $x,y\in\tau(N)$，有 $[[x^2,y],[x,y]]=0$。这与引理 4.13 矛盾，因此 $\lambda\neq 0$。定义映射 $\theta:\tau(N)\to\tau(M)$ 为

$$\theta(x)=\lambda L(x)+\frac{1}{2}\mu(x) \tag{4-16}$$

根据式（4-15）得

$$\begin{aligned}\theta(x^2)&=\lambda L(x^2)+\frac{1}{2}\mu(x^2)\\&=\lambda(\lambda L(x)^2+\mu(x)L(x)+\nu(x))+\frac{1}{2}\mu(x^2)\\&=\lambda^2L(x)^2+\lambda\mu(x)L(x)+\lambda\nu(x)+\frac{1}{2}\mu(x^2)\end{aligned}$$

另外，

$$\begin{aligned}\theta(x)^2&=(\lambda L(x)+\frac{1}{2}\mu(x))^2\\&=\lambda^2L(x)^2+\lambda\mu(x)L(x)+\frac{1}{4}\mu(x^2)\end{aligned}$$

比较以上两个等式知，

$$\theta(x^2)-\theta(x)^2\in\mathbb{C}I \tag{4-17}$$

在式（4-17）中用 $x+y$ 替换 x 得

$$\theta(xy+yx)-\theta(x)\theta(y)-\theta(y)\theta(x)\in\mathbb{C}I \tag{4-18}$$

设 $x\circ y=xy+yx$。定义映射 $\varepsilon:\tau(N)\times\tau(N)\to\tau(M)$ 为

$$\varepsilon(x,y)=\theta(x\circ y)-\theta(x)\circ\theta(y) \tag{4-19}$$

显然，ε 是对称的双线性映射且值域在 $\mathbb{C}I$ 里。我们要证明 θ 是 Jordan 同态只需证明对任意的 $x,y\in\tau(N)$，有 $\varepsilon(x,y)=0$。对任意的 $x,y\in\tau(N)$，由式（4-19）并注意到 $\theta(x^2)=\theta(x)^2+\frac{1}{2}\varepsilon(x,x)$，有

$$\begin{aligned}\theta(x^2\circ(y\circ x))&=\theta(x^2)\circ\theta(y\circ x)+\varepsilon(x^2,y\circ x)\\&=(\theta(x)^2+\frac{1}{2}\varepsilon(x,x))\circ(\theta(x)\circ\theta(y)+\varepsilon(x,y))+\varepsilon(x^2,y\circ x)\\&=\theta(x)^2\circ(\theta(y)\circ\theta(x))+\varepsilon(x,x)(\theta(y)\circ\theta(x))\\&\quad+2\varepsilon(x,y)\theta(x)^2+\varepsilon(x,x)\varepsilon(x,y)+\varepsilon(x^2,y\circ x)\end{aligned}$$

另外，

$$\begin{aligned}(\theta(x^2\circ y)\circ x)&=\theta(x^2\circ y)\circ\theta(x)+\varepsilon(x^2\circ y,x)\\&=((\theta(x)^2+\frac{1}{2}\varepsilon(x,x)))\circ\theta(y)+\varepsilon(x^2,y))\circ(\theta(x)+\varepsilon(x^2\circ y,x)\\&=(\theta(x)^2\circ\theta(y))\circ\theta(x)+\varepsilon(x,x)(\theta(y)\circ\theta(x))\\&\quad+2\varepsilon(x^2,y)\theta(x)+\varepsilon(x^2\circ y,x)\end{aligned}$$

由于 $x^2\circ(y\circ x)=(x^2\circ y)\circ x$，比较以上两式得

$$\varepsilon(x,y)\theta(x)^2-\varepsilon(x^2,y)\theta(x)\in\mathbb{C}I \tag{4-20}$$

式（4-20）与任意的 $u\in\tau(M)$ 可交换也与 $[\theta(x),u]$ 可交换，从而得

$$\varepsilon(x,y)[[\theta(x)^2,u],[\theta(x),u]]=0$$

对任意的 $x,y\in\tau(N)$ 及 $u\in\tau(M)$ 由式（4-16）得

$$\lambda^3\varepsilon(x,y)[[L(x)^2,u],[L(x),u]]=0$$

由于 L 是满射，由引理 4.13 知，存在 $x_0\in\tau(N)$ 与 $u_0\in\tau(M)$ 使得

$$[[L(x_0)^2,u_0],[L(x_0),u_0]]\neq 0$$

从而$\lambda^3\varepsilon(x_0,\tau(N))=0$，而$\lambda\neq 0$，故$\varepsilon(x_0,\tau(N))=0$。由式（4-20）得

$$\varepsilon(x_0^2,\tau(N))\theta(x_0)\in\mathbb{C}I$$

从而$\lambda\varepsilon(x_0^2,\tau(N))[L(x_0),u_0]=0$。又由$\lambda\neq 0$与$[L(x_0),u_0]\neq 0$，则$\varepsilon(x_0^2,\tau(N))=0$。在式（4-20）中用$x_0+y$代替$x$得

$$\begin{aligned}&\varepsilon(y,y)\theta(x_0)^2+\varepsilon(y,y)(\theta(x_0)\circ\theta(y))-\varepsilon(x_0\circ y,y)\theta(x_0)\\&-\varepsilon(x_0\circ y,y)\theta(y)-\varepsilon(y^2,y)\theta(x_0)\in\mathbb{C}I\end{aligned}$$

另外，在式（4-20）中用$-x_0+y$代替x得

$$\begin{aligned}&\varepsilon(y,y)\theta(x_0)^2-\varepsilon(y,y)(\theta(x_0)\circ\theta(y))-\varepsilon(x_0\circ y,y)\theta(x_0)\\&+\varepsilon(x_0\circ y,y)\theta(y)+\varepsilon(y^2,y)\theta(x_0)\in\mathbb{C}I\end{aligned}$$

对任意的$y\in\tau(N)$，比较以上两式得

$$2\varepsilon(y,y)\theta(x_0)^2-2\varepsilon(x_0\circ y,y)\theta(x_0)\in\mathbb{C}I$$

从而$\varepsilon(y,y)[[\theta(x_0)^2,u_0],[\theta(x_0),u_0]]=0$。故对任意的$y\in\tau(N)$，由式（4-16）得

$$\lambda^3\varepsilon(y,y)[[L(x_0)^2,u_0],[L(x_0),u_0]]=0$$

从而对任意的$y\in\tau(N)$，有$\varepsilon(y,y)=0$。用$x+y$替换$\varepsilon(y,y)=0$中的y，并且由ε是对称的可知，对任意的$x,y\in\tau(N)$有$\varepsilon(x,y)+\varepsilon(y,x)=2\varepsilon(x,y)=0$，即$\varepsilon=0$，从而证明了$\theta$是 Jordan 同态。设$c=\lambda^{-1},h(x)=-\lambda^{-1}\mu(x)/2$则

$$L(x)=c\theta(x)+h(x)\tag{4-21}$$

由于$L(\mathbb{C}I)=\mathbb{C}I$，则$\theta(I)\in\mathbb{C}I$。又因为$\theta$是 Jordan 同态且$L$是满射，从而$\theta(I)=I$，因而$\theta$是满射。另外，设$\theta(x)=0$，由此可知$L(x)\in\mathbb{C}I$，因此存在$\beta\in\mathbb{C}$，有$x=\beta I$。从而$\beta=0$，这又证明了$\theta$是单射。因此$\theta$是 Jordan 同构。有研究已经证明了两个套代数之间的 Jordan 同构是同构或反同构[97,98]，下面我们只需证明式（4-21）中$c=\pm1$即可。

一方面，

$$L[[x,y],z]=[[L(x),L(y)],L(z)]=c^3[[\theta(x),\theta(y)],\theta(z)]$$

另一方面，

$$\begin{aligned} L[[x,y],z] &= c\theta([[x,y],z]) + h([[x,y],z]) \\ &= c[[\theta(x),\theta(y)],\theta(z)] + h([[x,y],z]) \end{aligned}$$

比较以上两式得

$$(c^3 - c)[[\theta(x),\theta(y)],\theta(z)] = h[[x,y],z] \in \mathbb{C}I \tag{4-22}$$

取 $x' \in \tau(M)$ 使得 $\theta(x') \notin \mathbb{C}I$，则存在 $y' \in \tau(M)$ 使得 $[\theta(x'),\theta(y')] \notin \mathbb{C}I$，因此，存在 $z' \in \tau(M)$ 使得 $[[\theta(x'),\theta(y')],\theta(z')] \notin \mathbb{C}I$，因为 θ 是满射，从而由式（4-22）可知 $c^3 = c$。而 $c \neq 0$，所以 $c = 1$ 或 $c = -1$。

接下来证明 $h([[x,y],z]) = 0$。

一方面，由式（4-21）可知，

$$[[L(x),L(y)],L(z)] = \pm[[\theta(x),\theta(y)],\theta(z)]$$

另一方面，

$$\begin{aligned} [[L(x),L(y)],L(z)] &= L[[x,y],z] \\ &= \pm\theta([[x,y],z]) + h([[x,y],z]) \\ &= \pm[[\theta(x),\theta(y)],\theta(z)] + h([[x,y],z]) \end{aligned}$$

比较以上两式可知 $h([[x,y],z]) = 0$。

证毕。

下面给出一个是 Lie 三重同构但不是 Lie 同构的例子。

设

$$\mathbf{A} = \left\{ \begin{pmatrix} \lambda & x & y \\ 0 & \lambda & z \\ 0 & 0 & \lambda \end{pmatrix} : x,y,z,\lambda \in \mathbb{C} \right\}$$

且 $\varphi: \mathbf{A} \to \mathbf{A}$ 是一个定义为

$$\varphi\begin{pmatrix} \lambda & x & y \\ 0 & \lambda & z \\ 0 & 0 & \lambda \end{pmatrix} = \begin{pmatrix} \lambda & x & 3y \\ 0 & \lambda & z \\ 0 & 0 & \lambda \end{pmatrix}$$

的映射。则 φ 是线性双射且对任意的 $A,B,C \in \mathbf{A}$ 有

$$\varphi([[A,B],C]) = [[\varphi(A),\varphi(B)],\varphi(C)]$$

但是，取

$$A=\begin{pmatrix}0&1&2\\0&0&3\\0&0&0\end{pmatrix},\ B=\begin{pmatrix}0&4&5\\0&0&6\\0&0&0\end{pmatrix}$$

则由 φ 的定义得

$$\varphi([A,B])=\varphi\begin{pmatrix}0&0&-6\\0&0&0\\0&0&0\end{pmatrix}=\begin{pmatrix}0&0&-18\\0&0&0\\0&0&0\end{pmatrix}$$

且

$$[\varphi(A),\varphi(B)]=[\begin{pmatrix}0&1&6\\0&0&3\\0&0&0\end{pmatrix},\begin{pmatrix}0&4&15\\0&0&6\\0&0&0\end{pmatrix}]=\begin{pmatrix}0&0&-6\\0&0&0\\0&0&0\end{pmatrix}$$

从而

$$\varphi([A,B])\neq[\varphi(A),\varphi(B)]$$

即 φ 是 Lie 三重同构但不是 Lie 同构。

§4.4　注　　记

1961 年，Herstein 对环上的各种 Lie 型映射提出了几个猜想，特别地，他推测代数 A 到代数 A' 上的 Lie 同构能用同构和反同构来表示[31]。当然这个结果在有限维代数上已经被得到很长时间了[99]，但 Herstein 认为这个结果可以扩展到无限维的情形。此后，许多学者对 Herstein 的猜想进行了深入的研究，直到 20 世纪 90 年代所有的结果才在假设环有非平凡的幂等元的条件下被得到[100]。类似的问题也在算子代数上被考虑[44,47-48,94,101-102]，幂等元扮演着非常重要的角色。但是有些环有幂等元，有些环没有幂等元（如整环，特别是除环）。因此，在 Herstein 的结果中幂等元这个条件能否被去掉成为公开很长时间的问题。直到最近这个问题才被 Brešar[78]解决，他主要利用了可交换映射和更一般的函数恒等式理论。接下来类似的结果分别在上三角矩阵代数和套代数[46,86,103-105]上被得到。

在 Lie 映射的研究中，Lie 三重导子与 Lie 三重同构是两类非常重要的 Lie 映射。

每一个 Lie 导子是一个 Lie 三重导子，反之，则不然。Miers 证明了若 A 是一个 von Neumann 代数，则 A 上的每一个 Lie 三重导子具有形式 $A \to [A,T]+h(A)$，其中 $T \in A$，h 是一个从 A 到它的中心的线性映射且零化 A 的换位子[94]。Ji 和 Wang 证明了若 A 是一个 TUHF 代数，则从 A 到它自身的每一个连续的 Lie 三重导子具有形式 $A \to \delta(A)+h(A)$，其中 δ 是一个从 A 到它自身的导子，h 是一个从 A 到它的中心的线性映射且零化 A 的换位子[106]。Zhang、Wu 和 Cao 在套代数上得到了同样的结果[105]。有关素环上的最有趣的 Lie 三重导子的结果在文献[96]中被得到。

有关 Lie 同构和 lie 三重同构的问题一直是许多学者关注的焦点。Hua 证明了当 $n \geqslant 3$ 时，除环上的所有 $n \times n$ 矩阵环 R 上的每一个 Lie 自同构具有形式 $x \mapsto \pm\theta(x)+h(x)$，$\theta$ 是一个自同构或反自同构，h 是一个 $R \to Z$（环 R 的中心）的可加映射使得对所有的 $A,B \in R$ 都有 $h([A,B])=0$ [30]。稍后，Martindale 把 Hua 的结果推广到了更一般的环里[34-36]。特别是在文献[36]中他给出了一个很好的结果，即如果 R 是一个素环且满足：有单位元 1，特征不是 2 和 3，包含两个和为 1 的非零幂等元，那么从素环 R 到素环 R' 的 Lie 同构具有形式 $x \mapsto \pm\theta(x)+h(x)$，这里 θ 是一个从环 R 到环 R' 的中心闭包的同态或反同态，h 是一个 $R \to C'$（环 R' 的扩展中心）的可加映射使得对所有的 $A,B \in R$ 都有 $h([A,B])=0$。Miers 在因子 von neumann 代数上得到了类似的结果[23]。

有关 Lie 三重导子与 Lie 三重同构的研究还可见上述文献所给的文献。

第5章　算子代数上的Jordan映射

§5.1　引　　言

算子代数的 Jordan 结构是许多学者关注的热点问题。例如，Zhang 在文献[107]中研究了套代数上的 Jordan 导子。本章主要通过对 Jordan 导子、广义 Jordan 导子、Jordan(θ,ϕ) 导子、Jordan 中心化子、拟三重 Jordan 可导映射这些 Jordan 映射的研究来探讨算子代数的 Jordan 结构。

以下给出本章的相关概念。

定义 5.1　设 A 是可交换环 R 上的具有单位元 1 的代数。$f:A\to A$ 是一个线性映射。若对任意 $a\in A$ 有 $f(ab)=f(a)b+af(b)$，则称 f 是 A 的导子。

定义 5.2　设 A 是可交换环 R 上的具有单位元 1 的代数。$f:A\to A$ 是一个线性映射。若对任意 $a\in A$ 有 $f(a^2)=f(a)a+af(a)$，则称 f 是 A 的 Jordan 导子。

定义 5.3　设 A 是可交换环 R 上的具有单位元 1 的代数。$f:A\to A$ 是一个线性映射。若对任意 $a\in A$ 有 $f(a)=am-ma$，则称 f 是 A 的内导子。

定义 5.4[108,109]　设 R 是一个环且 $\delta:R\to R$ 是一个可加映射。若存在导子 $\alpha:R\to R$ 使得对任意的 $x,y\in R$ 有 $\delta(xy)=\delta(x)y+x\alpha(y)$，则称 δ 为 R 上的广义导子。

定义 5.5　若存在 $a,b\in R$ 使得对任意的 $x\in R$，有 $\delta(x)=ax+xb$，则称 δ 为 R 上的广义内导子；若存在 Jordan 导子 $\alpha:R\to R$ 使得对任意的 $x\in R$ 有 $\delta(x^2)=\delta(x)x+x\alpha(x)$，则称 δ 为 R 上的广义 Jordan 导子。

定义 5.6[110,111]　设 R 是一个环且 $d:R\to R$ 是一个可加映射。若对任意的 $x\in R$，有 $d(x^2)=d(x)x+xd(x)$，则称 d 是 R 的 Jordan 导子。设 $\theta,\phi:R\to R$ 为自同构，若对任意的 $x,y\in R$，有

$$d(xy)=d(x)\phi(y)+\theta(x)d(y)$$

则称 d 是 R 的 (θ,ϕ)-导子；若对任意的 $x\in R$，有

$$d(x^2) = d(x)\phi(x) + \theta(x)d(x)$$

则称 d 是 R 的 Jordan (θ, ϕ) -导子。

§5.2　三角代数上的Jordan导子[29]

下面是本节的主要结果。

定理 5.1　设 A, B 是 2-无挠可交换环 R 上的含有单位元的代数，M 是 (A, B) -忠实双边模且 $\mathfrak{A} = \mathrm{Tri}(A, M, B)$ 是三角代数，则 $\mathfrak{A}$ 上的每一个 Jordan 导子都是导子。

为了证明定理 5.1，需要几个引理。以下总假设 J 是一个从 $\mathfrak{A}$ 到它自身的 Jordan 导子，并记 $P = \begin{pmatrix} 1 & 0 \\ 0 & 0 \end{pmatrix}, Q = \begin{pmatrix} 0 & 0 \\ 0 & 1 \end{pmatrix}$。

引理 5.1[112]　设 $\mathbf{A}$ 是 2-无挠可交换环 R 上的代数，ϕ 是从 $\mathfrak{A}$ 到它自身的 Jordan 导子，则

（1）对任意的 $A, B \in \mathbf{A}$ 有

$$\phi(AB + BA) = \phi(A)B + A\phi(B) + \phi(B)A + B\phi(A)$$

（2）对任意的 $A, B \in \mathbf{A}$ 有

$$\phi(ABA) = \phi(A)BA + A\phi(B)A + AB\phi(A)$$

（3）对任意的 $A, B, X \in \mathbf{A}$ 有

$$\begin{aligned} \phi(AXB + BXA) = &\phi(A)XB + A\phi(X)B + AX\phi(B) \\ &+ \phi(B)XA + B\phi(X)A + BX\phi(A) \end{aligned}$$

其中条件（1）和 Jordan 导子的条件是等价的。

引理 5.2　设 $\mathfrak{A}$ 是由幂等元 $P = P^2 \in \mathfrak{A}$ 生成的上三角代数，若 J 是 $\mathfrak{A}$ 的 Jordan 导子，则 $J(P) = PT - TP$ ，其中 $T = J(P) \in \mathfrak{A}$ 。

证明　由 $P = P^2$ 知 $J(P) = J(P)P + PJ(P)$ 。从而

$$PJ(P)P = QJ(P)Q = 0$$

又由 $QJ(P)P = 0$ 知

$$J(P) = PJ(P)Q = PT - TP$$

其中 $T = J(P) \in \mathfrak{A}$ 。证毕。

对任意的 $X \in \mathfrak{A}$ ，记

$$J'(X)=J(X)-[XJ(P)-J(P)X]$$

显然，J' 也是从 $\mathfrak{A}$ 到它自身的 Jordan 导子。由引理 5.2 知 $J'(P)=J'(Q)=0$。

引理 5.3　对任意的 $A\in\mathfrak{A}$，有 $J'(PA)=PJ'(A)$ 与 $J'(AQ)=J'(A)Q$。

证明　因为对任意的 $A\in\mathfrak{A}$，有

$$QAP=QJ'(A)P=0$$

从而由引理 5.1（3）与 $J'(P)=J'(Q)=0$ 知

$$J'(PAQ)=J'(PAQ+QAP)=PJ'(A)Q \tag{5-1}$$

由引理 5.1（2）知

$$J'(PAP)=PJ'(A)P,\ J'(QAQ)=QJ'(A)Q \tag{5-2}$$

从而对任意的 $A\in\mathfrak{A}$，由式（5-1）和式（5-2）得

$$\begin{aligned}J'(PA)&=J'(PAP)+J'(PAQ)\\&=PJ'(A)P+PJ'(A)Q\\&=PJ'(A)\end{aligned}$$

与

$$\begin{aligned}J'(AQ)&=J'(QAQ)+J'(PAQ)\\&=QJ'(A)Q+PJ'(A)Q\\&=J'(A)Q\end{aligned}$$

证毕。

引理 5.4　对任意的 $A,X\in\mathfrak{A}$，有

（1）$J'(APXQ)=J'(A)PAQ+AJ'(PXQ)$；

（2）$J'(PXQA)=J'(PXQ)A+PXQJ'(A)$。

证明　因为对任意的 $A\in\mathfrak{A}$ 有 $AP=PAP$，从而由引理 5.1（1）与引理 5.3 知

$$\begin{aligned}J'(APXQ)&=J'(PAPXQ)+J'(PXQPA)\\&=J'(PA)PXQ+PAJ'(PXQ)\\&\quad+J'(PXQ)PA+PXQJ'(PA)\\&=PJ'(A)PXQ+PAJ'(PXQ)\\&=J'(A)PXQ+AJ'(PXQ)\end{aligned}$$

用类似的方法可证明（2）也成立。证毕。

定理 5.1 的证明　设 $A,B\in\mathfrak{A}$，由引理 5.4（1）知对任意的 $X\in\mathfrak{A}$，有

$$J'(ABPXQ) = J'(AB)PXQ + ABJ'(PXQ) \tag{5-3}$$

另外，由引理 5.4（1）与 $BP = PBP$ 知

$$\begin{aligned} J'(ABPXQ) &= J'(A)BPXQ + AJ'(BPXQ) \\ &= J'(A)BPXQ + A[J'(B)PXQ + BJ'(PXQ)] \\ &= J'(A)BPXQ + AJ'(B)PXQ + ABJ'(PXQ) \end{aligned}$$

由此式与式（5-3）知

$$[J'(AB) - J'(A)B - AJ'(B)]PUQ = 0 \tag{5-4}$$

由于 $P\mathfrak{A}Q$ 是忠实的左 $P\mathfrak{A}P$ 模，从而对任意的 $A,B\in\mathfrak{A}$，由式（5-4）知

$$P[J'(AB) - J'(A)B - AJ'(B)]P = 0 \tag{5-5}$$

类似地，由引理 5.4（2）知

$$Q[J'(AB) - J'(A)B - AJ'(B)]Q = 0 \tag{5-6}$$

从而由引理 5.1（1）与引理 5.3 得

$$\begin{aligned} PJ'(AB)Q &= J'(PABQ) = J'(PABQ + BQPA) \\ &= J'(PA)BQ + PAJ'(BQ) + J'(BQ)PA + BQJ'(PA) \\ &= PJ'(A)BQ + PAJ'(B)Q \end{aligned}$$

因此对任意的 $A,B\in\mathfrak{A}$，有

$$QP[J'(AB) - J'(A)B - AJ'(B)]Q = 0 \tag{5-7}$$

从而对任意的 $A,B\in\mathfrak{A}$，由式（5-5）～式（5-7）知

$$J'(AB) = J'(A)B + AJ'(B)$$

即 J' 是 Jordan 导子。证毕。

§5.3　三角代数上的广义Jordan导子[113]

下面是本节的主要结果。

定理 5.2　设 A,B 是 2-无挠可交换环 R 上的含有单位元的代数，M 是 (A,B)-忠实双边模且 $\mathfrak{A} = \mathrm{Tri}(A,M,B)$ 是三角代数。则 $\mathfrak{A}$ 上的每一个广义 Jordan 导子都是

导子与广义内导子之和。

为了证明定理 5.2，需要几个引理。以下总假设 J 是一个从 $\mathfrak{A}$ 到它自身的广义 Jordan 导子，并记 $P=\begin{pmatrix}1&0\\0&0\end{pmatrix},Q=\begin{pmatrix}0&0\\0&1\end{pmatrix}$。

引理 5.5[29] 设 A,B 是 2-无挠可交换环 R 上的含有单位元的代数，M 是 (A,B)-忠实双边模且 $\mathfrak{A}=\mathrm{Tri}(A,M,B)$ 是三角代数。则 $\mathfrak{A}$ 上的每一个 Jordan 导子都是导子。

引理 5.6 设 $\mathbf{A}$ 是 2-无挠可交换环 R 上的代数，α 是 $\mathbf{A}$ 的 Jordan 导子，ϕ 是从 $\mathfrak{A}$ 到它自身的广义 Jordan 导子，则

（1）对任意的 $A,B\in\mathbf{A}$ 有

$$\phi(AB+BA)=\phi(A)B+A\alpha(B)+\phi(B)A+B\alpha(A)$$

（2）对任意的 $A,B\in\mathbf{A}$ 有

$$\phi(ABA)=\phi(A)BA+A\alpha(B)A+AB\alpha(A)$$

（3）对任意的 $A,B,X\in\mathbf{A}$ 有

$$\begin{aligned}\phi(AXB+BXA)=&\phi(A)XB+A\alpha(X)B+AX\alpha(B)\\&+\phi(B)XA+B\alpha(X)A+BX\alpha(A)\end{aligned}$$

证明 （1）由 ϕ 的定义知

$$\begin{aligned}\phi(A+B)^2&=\phi(A+B)(A+B)+(A+B)\alpha(A+B)\\&=\phi(A)A+\phi(A)B+\phi(B)A+\phi(B)B\\&\quad+A\alpha(A)+A\alpha(B)+B\alpha(A)+B\alpha(B)\end{aligned}$$

另外，

$$\begin{aligned}\phi(A+B)^2&=\phi(A^2+AB+BA+B^2)\\&=\phi(A)A+\phi(AB+BA)\\&\quad+\phi(B)B+A\alpha(A)+B\alpha(B)\end{aligned}$$

以上两式相减得

$$\phi(AB+BA)=\phi(A)B+A\alpha(B)+\phi(B)A+B\alpha(A)$$

（2）由（1）得

$$\begin{aligned}\phi(A(AB+BA)+(AB+BA)A) &= \phi(A)(AB+BA)+\phi(AB+BA)A \\ &\quad + A\alpha(AB+BA)+(AB+BA)\alpha(A) \\ &= \phi(A)AB+2\phi(A)BA+\phi(B)A^2 \\ &\quad +2A\alpha(B)A+B\alpha(A)A+A\alpha(A)B \\ &\quad + A^2\alpha(B)+2AB\alpha(A)+BA\alpha(A)\end{aligned}$$

另外，

$$\begin{aligned}\phi(A(AB+BA)+(AB+BA)A) &= \phi(A^2B+BA^2)+2\phi(ABA) \\ &= \phi(A)AB+\phi(B)A^2+B\alpha(A)A+A\alpha(A)B \\ &\quad + A^2\alpha(B)+BA\alpha(A)+2\phi(ABA)\end{aligned}$$

以上两式相减得

$$\phi(ABA)=\phi(A)BA+A\alpha(B)A+AB\alpha(A)$$

（3）由（2）知

$$\begin{aligned}\phi((A+B)X(A+B)) &= \phi(A+B)X(A+B)+(A+B)\alpha(X)(A+B) \\ &\quad +(A+B)X\alpha(A+B) \\ &= \phi(A)XA+\phi(A)XB+\phi(B)XA+\phi(B)XB \\ &\quad + A\alpha(X)A+A\alpha(X)B+B\alpha(X)A+B\alpha(X)B \\ &\quad + AX\alpha(A)+AX\alpha(B)+BX\alpha(A)+BX\alpha(B)\end{aligned}$$

另外，

$$\begin{aligned}\phi((A+B)X(A+B)) &= \phi(AXA)+\phi(BXB)+\phi(AXB+BXA) \\ &= \phi(A)XA+\phi(B)XB+A\alpha(X)A+AX\alpha(A) \\ &\quad + BX\alpha(B)+B\alpha(X)B+\phi(AXB+BXA)\end{aligned}$$

以上两式相减得

$$\begin{aligned}\phi(AXB+BXA) &= \phi(A)XB+A\alpha(X)B+AX\alpha(B) \\ &\quad +\phi(B)XA+B\alpha(X)A+BX\alpha(A)\end{aligned}$$

证毕。

引理 5.7 $J(P)=PJ(P)+J(Q)P$ 且 $J(Q)=QJ(P)+J(Q)Q$。

证明 由 $P=P^2$ 且 $Q=Q^2$ 可知，

$$J(P)=J(P^2)=J(P)P+P\alpha(P)$$

且

$$J(Q)=J(Q^2)=J(Q)Q+Q\alpha(Q)$$

则

$$QJ(P)=QJ(P)P=0 \text{ 且 } J(Q)P=Q\alpha(Q)P=0$$

从而

$$J(P)=PJ(P)+QJ(P)=PJ(P)=PJ(P)+J(Q)P$$

且

$$J(Q)=J(Q)Q+J(Q)P=J(Q)Q=QJ(P)+J(Q)Q$$

证毕。

对每一个 $X\in\mathfrak{A}$，我们定义

$$\alpha'(X)=\alpha(X)+J(P)X-XJ(P)$$

且

$$J'(X)=J(X)-[XJ(P)+J(Q)X]$$

则 α' 是 $\mathfrak{A}$ 上的一个 Jordan 导子，并且直接验证得

$$J'(X^2)=J'(X)X+X\alpha'(X)$$

从而 J' 仍是 $\mathfrak{A}$ 上的一个广义 Jordan 导子，并且由引理 5.7 知，$J'(P)=J'(Q)=0$。

引理 5.8　对任意 $A\in\mathfrak{A}$，有 $J'(PA)=P\alpha'(A)$。

证明　由于对任意的 $A\in\mathfrak{A}$，有

$$QAP=QJ'(A)P=0 \text{ 且} J'(P)=J'(Q)=0$$

从而由引理 5.5（3）得

$$J'(PAQ)=J'(PAQ+QAP)=P\alpha'(A)Q+PA\alpha'(Q) \tag{5-8}$$

另外，由引理 5.5（2）可知

$$J'(PAP)=P\alpha'(A)P+PA\alpha'(P) \tag{5-9}$$

由式（5-8）和式（5-9），对任意 $A\in\mathfrak{A}$，有

$$\begin{aligned}J'(PA)&=J'(PAP)+J'(PAQ)\\&=P\alpha'(A)+PA\alpha'(I)\end{aligned}$$

由于 α' 是 Jordan 导子，则 $\alpha'(I)=0$。从而由上式知 $J'(PA)=P\alpha'(A)$。证毕。

定理 5.2 的证明 由引理 5.5（2）知

$$J'(QAQ)=Q\alpha'(A)Q+QA\alpha'(Q)$$

由于 α' 是 Jordan 导子，则

$$Q\alpha'(Q)=Q\alpha'(Q)Q=0$$

从而由 QAQ=QA 得 QA $\alpha'(Q)=0$。于是

$$J'(QAQ)=Q\alpha'(A)Q=Q\alpha'(A)$$

因此由引理 5.7 得

$$\begin{aligned}J'(A)&=J'(PA+QA)\\&=P\alpha'(A)+J'(QAQ)\\&=P\alpha'(A)+Q\alpha'(A)\\&=\alpha'(A)\end{aligned}$$

这说明 J' 是一个 Jordan 导子。由引理 5.5 知 J' 是一个导子。因此，

$$J(X)=J'(X)+[XJ(P)+J(Q)X]$$

是导子与广义内导子之和。证毕。

§5.4 三角代数上的Jordan(θ,ϕ)-导子[114]

本章讨论三角代数上的 Jordan(θ,ϕ)-导子。有关三角代数的定义和结论见 1.3 节。

定理5.3 设 A,B 是2-无挠可交换环 R 上的只含有平凡幂等元的有单位元的代数，M 是 (A,B)-忠实双边模且 $\mathfrak{A}=\mathrm{Tri}(A,M,B)$ 是三角代数。设 θ,ϕ 是 $\mathfrak{A}$ 的自同构。则 $\mathfrak{A}$ 上的每一个 Jordan(θ,ϕ)-导子都是 (θ,ϕ)-导子。

为了证明定理 5.3，需要几个引理。以下总假设 J 是一个从 U 到它自身的 Jordan (θ,ϕ)-导子，并记 $I=\begin{pmatrix}1&0\\0&1\end{pmatrix},P=\begin{pmatrix}1&0\\0&0\end{pmatrix},Q=\begin{pmatrix}0&0\\0&1\end{pmatrix}$。

引理 5.9[110] 设 $\mathfrak{A}=\mathrm{Tri}(A,M,B)$ 是三角代数，θ,ϕ 是 U 的自同构，d 是从 U 到它自身的 Jordan(θ,ϕ)-导子，则

（1）对任意的 $a,b\in\mathfrak{A}$ 有

$$d(ab+ba)=d(a)\phi(b)+d(b)\phi(a)+\theta(a)d(b)+\theta(b)d(a)$$

（2）对任意的 $a,b\in\mathfrak{A}$ 有

$$d(aba)=d(a)\phi(b)\phi(a)+\theta(a)d(b)\phi(a)+\theta(a)\theta(b)d(a)$$

（3）对任意的 $a,b,c\in\mathfrak{A}$ 有

$$\begin{aligned}d(abc+cba)=&d(a)\phi(b)\phi(c)+d(c)\phi(b)\phi(a)+\theta(a)d(b)\phi(c)\\&+\theta(c)d(b)\phi(a)+\theta(a)\theta(b)d(c)+\theta(c)\theta(b)d(a)\end{aligned}$$

引理 5.10[115]　设 A,B 是 2-无挠可交换环 R 上的只含有平凡幂等元的有单位元的代数，M 是 (A,B) -忠实双边模且 $\mathfrak{A}=\mathrm{Tri}(A,M,B)$ 是三角代数。设 θ,ϕ 是 $\mathfrak{A}$ 的自同构，则

（1）存在 $m\in M$ 使得

$$\theta(P)=\begin{pmatrix}1 & m\\0 & 0\end{pmatrix},\quad \theta(Q)=\begin{pmatrix}0 & -m\\0 & 1\end{pmatrix}$$

（2）存在 $n\in M$ 使得

$$\phi(P)=\begin{pmatrix}1 & n\\0 & 0\end{pmatrix},\quad \phi(Q)=\begin{pmatrix}0 & -n\\0 & 1\end{pmatrix}$$

引理 5.11　$J(P)=\theta(P)J(P)-J(P)\phi(P),\ J(Q)=\theta(Q)J(Q)-J(Q)\phi(Q)$。

证明　由 $P=P^2$ 可知，

$$J(P)=J(P^2)=J(P)\phi(P)+\theta(P)J(P) \tag{5-10}$$

给式（5-10）左乘 $\theta(P)$ 可得 $\theta(P)J(P)\phi(P)=0$。给式（5-10）左乘 $\theta(Q)$ 右乘 $\phi(Q)$，又由 $PQ=QP=0$ 可得 $\theta(Q)J(P)\phi(Q)=0$。由引理 5.10 可知 $\theta(Q)J(P)\phi(P)=0$。因为

$$\theta(I)=\theta(P+Q)=\theta(P)+\theta(Q)=I,\phi(I)=\phi(P+Q)=\phi(P)+\phi(Q)=I$$

从而

$$\begin{aligned}\theta(P)J(P)\phi(P)&=\theta(I-Q)J(P)\phi(P)\\&=J(P)\phi(P)-\theta(Q)J(P)\phi(P)\\&=J(P)\phi(P)=0\end{aligned}$$

同理可得 $\theta(Q)J(Q)\phi(Q)=\theta(Q)J(Q)=0$。从而

$$\begin{aligned} J(P) &= \theta(P)J(P)\phi(P) + \theta(Q)J(P)\phi(P) \\ &\quad + \theta(P)J(P)\phi(Q) + \theta(Q)J(P)\phi(Q) \\ &= \theta(P)J(P)\phi(Q) = \theta(P)J(P)\phi(I-P) \\ &= \theta(P)J(P) - \theta(P)J(P)\phi(P) \\ &= \theta(P)J(P) - J(P)\phi(P) \end{aligned}$$

同理可证 $J(Q)=\theta(Q)J(Q)-J(Q)\phi(Q)$。证毕。

对每一个 $X\in\mathfrak{A}$，定义

$$J'(X)=J(X)-[\theta(X)J(P)-J(P)\phi(X)]$$

因为

$$\begin{aligned} \theta(X)J'(X)+J'(X)\phi(X) &= \theta(X)J(X)-[\theta(X^2)J(P)-\theta(X)J(P)\phi(X)] \\ &\quad + J(X)\phi(X)-[\theta(X)J(P)\phi(X)-J(P)\phi(X^2)] \\ &= J(X^2)-[\theta(X^2)J(P)-J(P)\phi(X^2)]=J'(X^2) \end{aligned}$$

所以 J' 也是 $\mathfrak{A}$ 上的一个 Jordan (θ,ϕ)-导子，并且由引理 5.11 知 $J'(P)=J'(Q)=0$。

引理 5.12 对任意 $A\in\mathfrak{A}$，有 $J'(PA)=\theta(P)J'(A)$; $J'(AQ)=J'(A)\phi(Q)$。

证明 因为对任意 $A\in\mathfrak{A}$，由引理 5.10 可知 $\theta(Q)J'(A)\phi(P)=0$。又因为 $J'(P)=J'(Q)=0$，从而由引理 5.9（3）可知，

$$\begin{aligned} J'(PAQ) &= J'(PAQ+QAP) \\ &= J'(P)\phi(A)\phi(Q)+J'(Q)\phi(A)\phi(P)+\theta(P)J'(A)\phi(Q) \\ &\quad +\theta(Q)J'(A)\phi(P)+\theta(P)\theta(A)J'(Q)+\theta(Q)\theta(A)J'(P) \\ &= \theta(P)J'(A)\phi(Q) \end{aligned} \tag{5-11}$$

又由引理 5.9（2）可知，

$$\begin{aligned} J'(PAP) &= J'(P)\phi(A)\phi(P)+\theta(P)J'(A)\phi(P)+\theta(P)\theta(A)J'(P) \\ &= \theta(P)J'(A)\phi(P) \end{aligned} \tag{5-12}$$

同理可得

$$J'(QAQ)=\theta(Q)J'(A)\phi(Q) \tag{5-13}$$

从而由式（5-11）～式（5-13），对任意的 $A\in U$，有

$$\begin{aligned} J'(PA) &= J'(PAP)+J'(PAQ) \\ &= \theta(P)J'(A)\phi(P)+\theta(P)J'(A)\phi(Q) \\ &= \theta(P)J'(A) \end{aligned}$$

且

$$\begin{aligned}J'(AQ)&=J'(QAQ)+J'(PAQ)\\&=\theta(Q)J'(A)\phi(Q)+\theta(P)J'(A)\phi(Q)\\&=J'(A)\phi(Q)\end{aligned}$$

证毕。

引理 5.13 对任意的 $A,X\in\mathfrak{A}$，有

（1）$J'(APXQ)=J'(A)\phi(PXQ)+\theta(A)J'(PXQ)$；

（2）$J'(PXQA)=\theta(PXQ)J'(A)+J'(PXQ)\phi(A)$。

证明 （1）因为对任意的 $A\in\mathfrak{A}$，有

$$PXQPA=QAPXQ=QP=QAP=\theta(Q)A\phi(P)=0,J'(PXQ)=\theta(P)J'(X)\phi(Q)$$

由引理 5.9（1）和引理 5.12 可得

$$\begin{aligned}J'(APXQ)&=J'(PAPXQ+QAPXQ)+J'(PXQPA)\\&=J'(PAPXQ)+J'(PXQPA)\\&=J'(PA)\phi(PXQ)+\theta(PA)J'(PXQ)\\&\quad+J'(PXQ)\phi(PA)+\theta(PXQ)J'(PA)\\&=\theta(P)J'(A)\phi(PXQ)+\theta(P)\theta(A)J'(PXQ)\\&\quad+\theta(P)J'(X)\phi(QP)\phi(A)+\theta(PXQP)J'(A)\\&=\theta(I-Q)J'(A)\phi(PXQ)+\theta(I-Q)\theta(A)J'(PXQ)\\&=J'(A)\phi(PXQ)+\theta(A)J'(PXQ)\\&\quad-\theta(Q)J'(A)\phi(P)\phi(XQ)-\theta(QAP)J'(X)\phi(Q)\\&=J'(A)\phi(PXQ)+\theta(A)J'(PXQ)\end{aligned}$$

同理可证明（2）成立。证毕。

定理 5.3 的证明 设 $A,B\in\mathfrak{A}$，由引理 5.13（1）可知，对任意的 $X\in\mathfrak{A}$，有

$$J'(ABPXQ)=J'(AB)\phi(PXQ)+\theta(AB)J'(PXQ)\tag{5-14}$$

另外，由引理 5.13（1）可知，

$$\begin{aligned}J'(ABPXQ)&=J'(A)\phi(BPXQ)+\theta(A)J'(BPXQ)\\&=J'(A)\phi(BPXQ)+\theta(A)[J'(B)\phi(PXQ)+\theta(B)J'(PXQ)]\\&=J'(A)\phi(B)\phi(PXQ)+\theta(A)J'(B)\phi(PXQ)+\theta(AB)J'(PXQ)\end{aligned}$$

由此式和式（5-14）可得

$$[J'(AB)-J'(A)\phi(B)-\theta(A)J'(B)]\phi(PXQ)=0$$

给等式两边左乘 $\theta(P)$ 并取 ϕ^{-1} 可得

$$\phi^{-1}(\theta(P))\phi^{-1}([J'(AB)-J'(A)\phi(B)-\theta(A)J'(B)])PXQ=0$$

因为 $P\mathfrak{A}Q$ 是忠实的左 $\phi^{-1}(\theta(P))UP$ -模，从而有

$$\phi^{-1}(\theta(P))\phi^{-1}([J'(AB)-J'(A)\phi(B)-\theta(A)J'(B)])P=0$$

故对任意的 $A,B\in\mathfrak{A}$ ，有

$$\theta(P)[J'(AB)-J'(A)\phi(B)-\theta(A)J'(B)]\phi(P)=0 \tag{5-15}$$

同理由引理 5.13（2）可得对任意的 $A,B\in\mathfrak{A}$ ，有

$$\theta(Q)[J'(AB)-J'(A)\phi(B)-\theta(A)J'(B)]\phi(Q)=0 \tag{5-16}$$

又由 $QP=0$ ，引理 5.9（1）和引理 5.12 及证明过程可知，对任意的 $A,B\in\mathfrak{A}$ ，有

$$\begin{aligned}\theta(P)J'(AB)\phi(Q)&=J'(PABQ)=J'(PABQ+BQPA)\\&=J'(PA)\phi(BQ)+\theta(PA)J'(BQ)\\&\quad+J'(BQ)\theta(PA)+\theta(BQ)J'(PA)\\&=\theta(P)J'(A)\phi(B)\phi(Q)+\theta(P)\theta(A)J'(B)\phi(Q)\end{aligned}$$

整理此式可得

$$\theta(P)[J'(AB)-J'(A)\phi(B)-\theta(A)J'(B)]\phi(Q)=0 \tag{5-17}$$

而由引理 5.10 可知，

$$\theta(Q)[J'(AB)-J'(A)\phi(B)-\theta(A)J'(B)]\phi(P)=0 \tag{5-18}$$

从而对任意的 $A,B\in\mathfrak{A}$ ，由式（5-15）～式（5-18）可得

$$J'(AB)=J'(A)\phi(B)+\theta(A)J'(B)$$

即 J' 是 $\mathfrak{A}$ 到它自身的 (θ,ϕ) -导子。证毕。

§5.5 完全矩阵代数上的广义Jordan导子[116]

文献[117]研究了完全矩阵代数上的 Jordan 导子，得到完全矩阵代数上的每一

个 Jordan 导子是导子。显然，每一个广义导子是广义 Jordan 导子，反之则不然[118]，本节推广[117]的主要结果，将证明完全矩阵代数上的每一个广义 Jordan 导子都是导子与广义内导子之和。

文献[119]给出了广义 Jordan 导子的另一种定义形式：若对任意的 $x \in R$，有

$$\phi(x^2) = \phi(x)x + x\phi(x) - x\phi(I)x$$

则称 ϕ 是 R 的广义 Jordan 导子。容易验证此定义形式是本书中定义形式的特殊形式。

设 A 是满足结合律的有单位元的环，M 是 A 的特征不为 2 的双边模。若 1 是 A 的单位元，则对任意的 $x \in M$，有 $1 \cdot x = x \cdot 1 = x$。当 $n \geqslant 2$ 时，$M_n(A)$ 表示 A 上的 $n \times n$ 完全矩阵，符合通常的矩阵运算。$E_{ij} (1 \leqslant i, j \leqslant n)$ 是 $M_n(A)$ 的矩阵单位，$x \otimes E_{ij}$ 表示第 (ij) 个元素是 x，其他元素是 0 的矩阵，B_{ij} 表示 $B \in M_n(A)$ 的第 (ij) 个元素，$\mathrm{diag}(x_1, x_2, \cdots, x_n)$ 表示对角线上的元素是 $x_1, x_2, \cdots, x_n$ 的对角矩阵，每一个广义导子 $D: A \to M$ 诱导出一个广义导子 $\overline{D}: M_n(A) \to M_n(M)$，使得 $\overline{D}((a_{ij})) = (D(a_{ij}))$，$M_n(M)$ 有自然的 $M_n(A)$ 的双边模结构。

本节主要证明以下结论。

定理 5.4　设 A 是满足结合律的有单位元的环，M 是 A 的特征不为 2 的双边模。则从完全矩阵代数 $M_n(A)$ 到 $M_n(M)$ 的每一个广义 Jordan 导子都是导子与广义内导子之和。

为了证明定理 5.4，需要几个引理。

引理 5.14　设 ϕ 是从 $A \to M$ 的广义 Jordan 导子，α 是从 $A \to M$ 的 Jordan 导子，使得 $\phi(x^2) = \phi(x)x + x\alpha(x)$ 成立，则对任意的 $a, b \in A$ 有

$$\phi(ab + ba) = \phi(a)b + a\alpha(b) + \phi(b)a + b\alpha(a)$$

证明　由 ϕ 的定义可知，

$$\begin{aligned}\phi(a+b)^2 &= \phi(a+b)(a+b) + (a+b)\alpha(a+b) \\ &= \phi(a)a + \phi(a)b + \phi(b)a + \phi(b)b \\ &\quad + a\alpha(a) + a\alpha(b) + b\alpha(a) + b\alpha(b)\end{aligned}$$

另外，

$$\begin{aligned}\phi(a+b)^2 &= \phi(a^2 + ab + ba + b^2) \\ &= \phi(a)a + \phi(ab + ba) \\ &\quad + \phi(b)b + a\alpha(a) + b\alpha(b)\end{aligned}$$

以上两式相减得

$$\phi(ab+ba)=\phi(a)b+a\alpha(b)+\phi(b)a+b\alpha(a) \tag{5-19}$$

证毕。

设 D 是从 $M_n(A)\to M_n(M)$ 的广义 Jordan 导子，φ 是从 $M_n(A)\to M_n(M)$ 的相应的 Jordan 导子。对任意的 $a\in A$，分别定义映射 $D_{ij}^{kl}:A\to M$，$\varphi_{ij}^{kl}:A\to M$ 为

$$D_{ij}^{kl}(a)=[D(a\otimes E_{ij})]_{kl}，\ \varphi_{ij}^{kl}(a)=[\varphi(a\otimes E_{ij})]_{kl}$$

满足 $1\leqslant i,j,k,l\leqslant n$。

设 $1\leqslant i,j,k,l,m\leqslant n$ 且 $i\neq j$，对任意的 $a,b\in A$，由式（5-19）可知，

$$\begin{aligned}D_{ij}^{kl}(ab)&=[D(ab\otimes E_{ij})]_{kl}\\&=[D((a\otimes E_{im})(b\otimes E_{mj})+(b\otimes E_{mj})(a\otimes E_{im}))]_{kl}\\&=[D(a\otimes E_{im})(b\otimes E_{mj})+(a\otimes E_{im})\varphi(b\otimes E_{mj})]_{kl}\\&\quad+[D(b\otimes E_{mj})(a\otimes E_{im})+(b\otimes E_{mj})\varphi(a\otimes E_{im})]_{kl}\\&=\delta_{lj}[D(a\otimes E_{im})]_{km}b+\delta_{ki}a[\varphi(b\otimes E_{mj})]_{ml}\\&\quad+\delta_{lm}[D(b\otimes E_{mj})]_{ki}a+\delta_{km}b[\varphi(a\otimes E_{im})]_{jl}\end{aligned}$$

其中，δ 表示为元素当两个指标相同时为 1，指标不同时为 0 的矩阵。从而当 $i\neq j$ 时有

$$D_{ij}^{kl}(ab)=\delta_{lj}D_{im}^{km}(a)b+\delta_{ki}a\varphi_{mj}^{ml}(b)+\delta_{lm}D_{mj}^{ki}(b)a+\delta_{km}b\varphi_{im}^{jl}(a) \tag{5-20}$$

又由式（5-19）可得

$$\begin{aligned}D_{ii}^{kl}(ab+ba)&=[D(ab\otimes E_{ii}+ba\otimes E_{ii})]_{kl}\\&=[D((a\otimes E_{ii})(b\otimes E_{ii})+(b\otimes E_{ii})(a\otimes E_{ii}))]_{kl}\\&=[D(a\otimes E_{ii})(b\otimes E_{ii})+(a\otimes E_{ii})\varphi(b\otimes E_{ii})]_{kl}\\&\quad+[D(b\otimes E_{ii})(a\otimes E_{ii})+(b\otimes E_{ii})\varphi(a\otimes E_{ii})]_{kl}\\&=\delta_{li}[D(a\otimes E_{ii})]_{ki}b+\delta_{ki}a[\varphi(b\otimes E_{ii})]_{il}\\&\quad+\delta_{li}[D(b\otimes E_{ii})]_{ki}a+\delta_{ki}b[\varphi(a\otimes E_{ii})]_{il}\end{aligned}$$

从而有

$$D_{ii}^{kl}(ab+ba)=\delta_{li}D_{ii}^{ki}(a)b+\delta_{ki}a\varphi_{ii}^{il}(b)+\delta_{li}D_{ii}^{ki}(b)a+\delta_{ki}b\varphi_{ii}^{il}(a) \tag{5-21}$$

由式（5-21）可知，

$$D_{ii}^{ii}(ab+ba)=D_{ii}^{ii}(a)b+a\varphi_{ii}^{ii}(b)+D_{ii}^{ii}(b)a+b\varphi_{ii}^{ii}(a)$$

由文献[117]可知，φ_{ii}^{ii}是一个 Jordan 导子，简记为φ_i。由于 M 的特征不是 2，从而$D_{ii}^{ii}:A\to M$是一个广义 Jordan 导子，简记为D_i。

引理 5.15　设$1\leqslant i,j,k,l,m\leqslant n$，则对任意的$a\in A$，以下等式成立：

（1）若$i\neq k,\ j\neq l$，则有$D_{ij}^{kl}(a)=0$；

（2）若$i\neq k$，则有$D_{ij}^{kj}(a)=D_{im}^{km}(a)=D_{im}^{km}(1)a$；

（3）若$j\neq l$，则有$D_{ij}^{il}(a)=\varphi_{mj}^{ml}(a)=a\varphi_{mj}^{ml}(1)$；

（4）$D_{ij}^{ij}(a)=D_{im}^{im}(1)a-a\varphi_{jm}^{jm}(1)+\varphi_m(a)$。

证明　（1）若$i=j$，在式（5-21）中设$b=1$，则当$i\neq k,j\neq l$时有$D_{ij}^{kl}=0$。若$i\neq j$，当$n>2$时，在式（5-20）中设$b=1$，取m，使$m\neq k,l$，则$D_{ij}^{kl}=0$。若$i\neq j$，当$n=2$时，此时$1\leqslant i,j\leqslant 2$，在式（5-20）中设$b=1$，取$m$，使$k=j,m=i=l$，则

$$D_{ij}^{ji}(a)=D_{ij}^{ji}(1)a \tag{5-22}$$

另外，由

$$0=D(0)=D((a\otimes E_{ij})(b\otimes E_{ij})+(b\otimes E_{ij})(a\otimes E_{ij}))$$

和式（5-19）可知，对任意的k,l有

$$0=D_{ij}^{kl}(0)=\delta_{lj}D_{ij}^{ki}(a)b+\delta_{ki}a\varphi_{ij}^{jl}(b)+\delta_{lj}D_{ij}^{ki}(b)a+\delta_{ki}b\varphi_{ij}^{jl}(a) \tag{5-23}$$

在式（5-23）中设$k=l=j,b=1$可得

$$D_{ij}^{ji}(a)=-D_{ij}^{ji}(1)a \tag{5-24}$$

从而由式（5-22）和式（5-24）可知$D_{ij}^{ji}=0$。证毕。

（2）在式（5-20）中设$b=1$，对任意的$m\neq k$或$m\neq l$，当$i\neq j,k\neq l$时，由（1）可得

$$D_{ij}^{kl}(a)=\delta_{lj}D_{im}^{km}(a)+\delta_{ki}a\varphi_{mj}^{ml}(1) \tag{5-25}$$

另外，在式（5-20）中设$a=1$，再用 a 换 b，则对任意的$m\neq k$或$m\neq l$，当$i\neq j,k\neq l$时，由（1）可得

$$D_{ij}^{kl}(a)=\delta_{lj}D_{im}^{km}(1)a+\delta_{ki}\varphi_{mj}^{ml}(a) \tag{5-26}$$

从而由式（5-25）和式（5-26）可知，当$i \neq j, k \neq i, j$时，有

$$D_{ij}^{kj}(a) = D_{im}^{km}(a) = D_{im}^{km}(1)a \tag{5-27}$$

用与以上同样的过程，由式（5-20）当$i \neq j$时分别有

$$D_{ij}^{jj}(a) = D_{im}^{jm}(a) + \delta_{jm} D_{mj}^{ji}(1)a + \delta_{jm} \varphi_{im}^{ij}(a) \tag{5-28}$$

$$D_{ij}^{jj}(a) = D_{im}^{jm}(1)a + \delta_{jm} D_{mj}^{ji}(a) + \delta_{jm} a\varphi_{im}^{ij}(1) \tag{5-29}$$

由式（5-28）和式（5-29）可知，当$i \neq j, m \neq j$时有

$$D_{ij}^{jj}(a) = D_{im}^{jm}(a) = D_{im}^{jm}(1)a \tag{5-30}$$

在式（5-28）和式（5-29）中设$m = i$，则有$D_{ij}^{jj}(a) = D_{ii}^{ji}(a) = D_{ii}^{ji}(1)a$。取$a = 1$，则有$D_{ij}^{jj}(1) = D_{ii}^{ji}(1)$。从而当$i \neq j$时有$D_{ij}^{jj}(a) = D_{ij}^{jj}(1)a$。从而式（5-27）和式（5-30）中的条件$k \neq j, m \neq j$可以去掉。在式（5-30）中分别设$j = k, m = i$，若$i \neq k$，则有

$$D_{im}^{km}(a) = D_{ik}^{kk}(a) = D_{ii}^{ki}(a) = D_{ii}^{ki}(1)a \tag{5-31}$$

由式（5-31）可知式（5-27）中条件$i \neq j$可以去掉。证毕。

（3）在式（5-20）中设$b = 1$，对任意的$m \neq k$或$m \neq l$，当$i \neq j, k \neq l$时，由（1）可得

$$D_{ij}^{kl}(a) = \delta_{lj} D_{im}^{km}(a) + \delta_{ki} a\varphi_{mj}^{ml}(1) \tag{5-32}$$

另外，在式（5-20）中设$a = 1$，再用 a 换 b，则对任意的$m \neq k$或$m \neq l$，当$i \neq j, k \neq l$时，由（1）可得

$$D_{ij}^{kl}(a) = \delta_{lj} D_{im}^{km}(1)a + \delta_{ki} \varphi_{mj}^{ml}(a) \tag{5-33}$$

从而由式（5-32）和式（5-33）可知，当$i \neq j, l \neq i, j$时，有

$$D_{ij}^{il}(a) = \varphi_{mj}^{ml}(a) = a\varphi_{mj}^{ml}(1) \tag{5-34}$$

用与以上同样的过程，由式（5-20）可知，当$i \neq j$时分别有

$$D_{ij}^{ii}(a) = a\varphi_{mj}^{mi}(1) + \delta_{im} D_{mj}^{ii}(1)a + \delta_{im} \varphi_{im}^{ji}(a) \tag{5-35}$$

$$D_{ij}^{ii}(a)=\varphi_{mj}^{mi}(a)+\delta_{im}D_{mj}^{ii}(a)+\delta_{im}a\varphi_{im}^{ji}(1) \tag{5-36}$$

由式（5-35）和式（5-36）可知，当 $i\neq j,m\neq i$ 时，有

$$D_{ij}^{ii}(a)=\varphi_{mj}^{mi}(a)=a\varphi_{mj}^{mi}(1) \tag{5-37}$$

在式（5-35）和式（5-36）中设 $m=j$ ，则有 $D_{ij}^{ii}(a)=\varphi_{jj}^{ji}(a)=a\varphi_{jj}^{ji}(1)$ 。从而当 $i\neq j$ 时有 $\varphi_{ij}^{ii}(a)=a\varphi_{ij}^{ii}(1)$ 。从而式（5-34）和式（5-37）中的条件 $l\neq i,m\neq i$ 可以去掉。在式（5-37）中分别设 $l=i,m=j$ ，若 $l\neq j$ ，则有

$$\varphi_{mj}^{ml}(a)=D_{lj}^{ll}(a)=\varphi_{jj}^{jl}(a)=a\varphi_{jj}^{jl}(1) \tag{5-38}$$

由式（5-38）可知式（5-34）中条件 $i\neq j$ 可以去掉。证毕。

（4）在式（5-20）中设 $b=1,m=k=i,l=j$ ，当 $i\neq j$ 时，由（1）有

$$D_{ij}^{ij}(a)=D_{ii}^{ii}(a)+a\varphi_{ij}^{ij}(1)=D_{i}(a)+a\varphi_{ij}^{ij}(1) \tag{5-39}$$

在式（5-20）中设 $a=1,k=i,l=m=j$ ，用 a 换 b，当 $i\neq j$ 时，由（1）可知，

$$D_{ij}^{ij}(a)=D_{ij}^{ij}(1)a+\varphi_{jj}^{ij}(a)=D_{ij}^{ij}(1)a+\varphi_{j}(a) \tag{5-40}$$

在式（5-20）中设 $m\neq k,m\neq j,b=1,k=i,l=j$ ，若 $i\neq j$ ，则

$$D_{ij}^{ij}(a)=D_{im}^{im}(a)+a\varphi_{mj}^{mj}(1) \tag{5-41}$$

由于 φ_i 是 Jordan 导子，由文献[117]的引理 3.2 的证明过程可知，

$$0=\varphi_{i}(1)=\varphi_{ij}^{ij}(1)+\varphi_{ji}^{ji}(1) \tag{5-42}$$

在式（5-39）中设 $j=m$ ，由式（5-42）可得

$$D_{im}^{im}(a)=D_{i}(a)+a\varphi_{im}^{im}(1)=D_{i}(a)-a\varphi_{mi}^{mi}(1)$$

从而 $D_{i}(a)=D_{im}^{im}(a)+a\varphi_{mi}^{mi}(1)$ 。因此在式（5-41）中 $i\neq j$ 的条件是多余的。又因为 $\varphi_{j}(1)=0$ ，从而式（5-40）中 $i\neq j$ 的条件是多余的。由式（5-40）～式（5-42）可得

$$D_{ij}^{ij}(a)=D_{im}^{im}(1)(a)+\varphi_{m}(a)+a\varphi_{mj}^{mj}(1)=D_{im}^{im}(1)(a)-a\varphi_{jm}^{jm}(1)+\varphi_{m}(a)$$

证毕。

由引理 5.15 的（2）和（3），对任意的 $1\leqslant i,j,k,l\leqslant n,i\neq k,j\neq l$ 及任意的 m，

定义 $D_{ki}=D_{im}^{km},\varphi_{ki}=\varphi_{im}^{km},D^{lj}=D_{mj}^{ml},\varphi^{lj}=\varphi_{mj}^{ml}$。

引理 5.16[117] 对任意的 $1\leqslant i,j\leqslant n$ 有 $\varphi_{ij}(1)=-\varphi^{ji}(1)$。

引理 5.17[117] 从 $M_n(A)\to M_n(M)$ 的每一个 Jordan 导子是导子。

定理 5.4 的证明 设 $D:M_n(A)\to M_n(M)$ 是广义 Jordan 导子，对任意的 $(a_{rs})\in M_n(A)$，由引理 5.15 的（1）～（4）和引理 5.16 可知，

$$
\begin{aligned}
[D((a_{rs}))]_{ij}&=\sum_{k,l=1}^{n}D_{kl}^{ij}(a_{kl})=\sum_{k=1}^{n}D_{kj}^{ij}(a_{kj})+\sum_{l=1}^{n}D_{il}^{ij}(a_{il})-D_{ij}^{ij}(a_{ij})\\
&=[\sum_{k=1}^{n}D_{ik}(a_{kj})+D_{ij}^{ij}(a_{ij})]+[\sum_{l=1}^{n}D^{jl}(a_{il})+D_{ij}^{ij}(a_{ij})]-D_{ij}^{ij}(a_{ij})\\
&=\sum_{k=1}^{n}[D_{ik}(1)a_{kj}]+\sum_{k=1}^{n}[(a_{ik}\varphi^{jk}(1)]+D_{ij}^{ij}(a_{ij})\\
&=\sum_{k=1}^{n}[D_{ik}(1)a_{kj}-a_{ik}\varphi_{kj}(1)]+D_{ij}^{ij}(a_{ij})\\
&=[G_{(D_{rs}(1),\varphi_{rs}(1))}((a_{rs}))]_{ij}+[D_{im}^{im}(1)a_{ij}-a_{ij}\varphi_{jm}^{jm}(1)]+\varphi_m(a_{ij})
\end{aligned}
$$

从而由上式可知，

$$
\begin{aligned}
D((a_{rs}))&=G_{(D_{rs}(1),\varphi_{rs}(1))}((a_{rs}))\\
&\quad+G_{[\mathrm{diag}(D_{1m}^{1m}(1),D_{2m}^{2m}(1),\cdots,D_{nm}^{nm}(1)),\mathrm{diag}(\varphi_{1m}^{1m}(1),\varphi_{2m}^{2m}(1),\cdots,\varphi_{nm}^{nm}(1))]}((a_{rs}))+\varphi((a_{rs}))\\
&=G_{[(D_{rs}(1))+\mathrm{diag}(D_{1m}^{1m}(1),D_{2m}^{2m}(1),\cdots,D_{nm}^{nm}(1)),(\varphi_{jk}(1))+\mathrm{diag}(\varphi_{1m}^{1m}(1),\varphi_{2m}^{2m}(1),\cdots,\varphi_{nm}^{nm}(1))]}((a_{rs}))\\
&\quad+\varphi((a_{rs}))
\end{aligned}
$$

上式中 $G_{[(D_{rs}(1))+\mathrm{diag}(D_{1m}^{1m}(1),D_{2m}^{2m}(1),\cdots,D_{nm}^{nm}(1)),(\varphi_{jk}(1))+\mathrm{diag}(\varphi_{1m}^{1m}(1),\varphi_{2m}^{2m}(1),\cdots,\varphi_{nm}^{nm}(1))]}((a_{rs}))$ 是广义内导子，φ 是 Jordan 导子，由引理 5.17 可知 φ 是导子，即 D 是导子和广义内导子的和。证毕。

§5.6 套代数上的广义Jordan中心化子[120]

设 A 是一个环或代数，如果可加映射 $\phi:A\to A$ 满足对任意的 $A,B\in A$，有 $\phi(AB)=\phi(A)B$ 或 $\phi(AB)=A\phi(B)$，则称 ϕ 是左中心化子或右中心化子。如果 ϕ 既是左中心化子又是右中心化子，则称 ϕ 是中心化子。关于具有哪些条件的映射为中心化子的研究一直受到许多学者的关注[121-127]，但大多数要求环或代数具有半素性或素性。而我们知道，套代数是一类非半素的算子代数，本节将在套代数上对满足：

$$(m+n)\phi(A^{p+1}) = m\phi(A)A^p + nA^p\phi(A)$$

或

$$\phi(A^{m+n+1}) = A^m\phi(A)A^n$$

（m,n,p 为正整数）的两类可加映射 ϕ 进行刻画。

设 H 为实数域或复数域 F 上的 Hilbert 空间，$B(H)$ 表示 H 上的全体有界线性算子构成的代数。以下设 N 为 H 上的一个非平凡套，$\tau(N)$ 为相应的套代数，$\phi:\tau(N)\to\tau(N)$ 为可加映射且满足：

$$(m+n)\phi(A^2) = m\phi(A)A + nA\phi(A) \tag{5-43}$$

对所有的 $A\in\tau(N)$ 成立(m,n 为正整数)，设 $P_1\in\tau(N)$ 为一个非平凡投影，记 $P_2 = I - P_1$ 且 $M_{ij} = P_i\tau(N)P_j (1\leqslant i\leqslant j\leqslant 2)$，则 $\tau(N) = M_{11}\oplus M_{12}\oplus M_{22}$。

引理 5.18[128]　设 $T_{ij}\in M_{ij} (1\leqslant i\leqslant j\leqslant 2)$，则以下结论成立：

（1）若 $T_{11}M_{12}=0$，则 $T_{11}=0$；

（2）若 $M_{12}T_{22}=0$，则 $T_{22}=0$；

（3）若 $M_{11}T_{12}=0$ 则 $T_{12}=0$；

（4）若 $T_{12}M_{22}=0$，则 $T_{12}=0$。

引理 5.19　对任意的 $A,B\in\tau(N)$，有

（1）$(m+n)\phi(AB+BA) = m\phi(A)B + nA\phi(B) + m\phi(B)A + nB\phi(A)$；

（2）$(m+n)\phi(A) = m\phi(I)A + nA\phi(I)$。

证明　一方面，对任意的 $A,B\in\tau(N)$，有

$$\begin{aligned}(m+n)\phi((A+B)^2) &= m\phi(A+B)(A+B) + n(A+B)\phi(A+B)\\ &= m\phi(A)A + m\phi(A)B + m\phi(B)A + m\phi(B)B + nA\phi(A)\\ &\quad + nA\phi(B) + nB\phi(A) + nB\phi(B)\end{aligned}$$

另一方面，有

$$\begin{aligned}(m+n)\phi((A+B)^2) &= (m+n)\phi(A^2 + AB + BA + B^2)\\ &= m\phi(A)A + nA\phi(A) + (m+n)\phi(AB+BA)\\ &\quad + m\phi(B)B + nB\phi(B)\end{aligned}$$

比较以上两式，从而（1）成立。在结论（1）中取 $B=I$ 可得（2）成立。证毕。

引理 5.20　$\phi(M_{ij})\subseteq M_{ij} (1\leqslant i\leqslant j\leqslant 2)$。

证明　由式（5-43），则

$$(m+n)\phi(P_i) = m\phi(P_i)P_i + nP_i\phi(P_i) \tag{5-44}$$

对式（5-44）两边左乘 P_i，得

$$(m+n)P_i\phi(P_i) = mP_i\phi(P_i)P_i + nP_i\phi(P_i) \tag{5-45}$$

对式（5-44）两边右乘 P_i，得

$$(m+n)\phi(P_i)P_i = m\phi(P_i)P_i + nP_i\phi(P_i)P_i \tag{5-46}$$

将式（5-45）和式（5-46）代入式（5-44）可知，

$$\phi(P_i) = P_i\phi(P_i) = \phi(P_i)P_i = P_i\phi(P_i)P_i \in A_{ij} \tag{5-47}$$

由引理 5.19（2），则

$$(m+n)\phi(P_i) = m\phi(I)P_i + nP_i\phi(I) \tag{5-48}$$

对式（5-48）两边左乘 P_i，得

$$(m+n)P_i\phi(P_i) = mP_i\phi(I)P_i + nP_i\phi(I) \tag{5-49}$$

对式（5-48）两边右乘 P_i，得

$$(m+n)\phi(P_i)P_i = m\phi(I)P_i + nP_i\phi(I)P_i \tag{5-50}$$

于是由式（5-47）～式（5-50）可知，

$$\phi(P_i) = P_i\phi(I) = \phi(I)P_i \tag{5-51}$$

对任意的 $A_{ii} \in M_{ii} (i=1,2)$，由引理 5.19（1），则

$$2(m+n)\phi(A_{ii}) = m\phi(P_i)A_{ii} + nP_i\phi(A_{ii}) + m\phi(A_{ii})P_i + nA_{ii}\phi(P_i) \tag{5-52}$$

对式（5-52）两边左乘 P_i，得

$$(2m+n)P_i\phi(A_{ii}) = m\phi(P_i)A_{ii} + mP_i\phi(A_{ii})P_i + nA_{ii}\phi(P_i) \tag{5-53}$$

对式（5-52）两边右乘 P_i，得

$$(m+2n)\phi(A_{ii})P_i = m\phi(P_i)A_{ii} + nP_i\phi(A_{ii})P_i + nA_{ii}\phi(P_i) \tag{5-54}$$

由式（5-47）、式（5-53）和式（5-54）可知，$P_i\phi(A_{ii}), \phi(A_{ii})P_i \in M_{ii}$。再由式（5-47）

和式（5-52）知 $\phi(A_{ii}) \in M_{ii}$。

对任意的 $A_{12} \in M_{12}$，由引理 5.19（2），则

$$(m+n)\phi(A_{12}) = m\phi(I)A_{12} + nA_{12}\phi(I) \tag{5-55}$$

对式（5-55）两边分别右乘 P_1 和左乘 P_2，并结合式（5-51）可知，

$$(m+n)\phi(A_{12})P_1 = nA_{12}\phi(I)P_1 = nA_{12}P_1\phi(I) = 0$$

且

$$(m+n)P_2\phi(A_{12}) = mP_2\phi(I)A_{12} = m\phi(I)P_2A_{12} = 0$$

故 $\phi(A_{12})P_1 = P_2\phi(A_{12}) = 0$，于是 $\phi(A_{12}) = P_1\phi(A_{12})P_2 \in M_{12}$。证毕。

引理 5.21　对任意的 $A_{ij}, B_{ij} \in M_{ij} (1 \leqslant i \leqslant j \leqslant 2)$，有

（1）$\phi(A_{11}B_{12}) = \phi(A_{11})B_{12} = A_{11}\phi(B_{12})$；

（2）$\phi(A_{12}B_{22}) = \phi(A_{12})B_{22} = A_{12}\phi(B_{22})$；

（3）$\phi(A_{11}B_{11}) = \phi(A_{11})B_{11} = A_{11}\phi(B_{11})$；

（4）$\phi(A_{22}B_{22}) = \phi(A_{22})B_{22} = A_{22}\phi(B_{22})$。

证明　由引理 5.19（1）及引理 5.20，则

$$(m+n)\phi(A_{12}B_{22}) = m\phi(A_{12})B_{22} + nA_{12}\phi(B_{22}) \tag{5-56}$$

$$(m+n)\phi(A_{11}B_{12}) = m\phi(A_{11})B_{12} + nA_{11}\phi(B_{12}) \tag{5-57}$$

在式（5-56）中取 $B_{22} = P_2$ 并注意到 $\phi(A_{12})P_2 = \phi(A_{12})$，从而对任意的 $A_{12} \in M_{12}$，有

$$\phi(A_{12}) = A_{12}\phi(P_2) \tag{5-58}$$

在式（5-57）中取 $A_{11} = P_1$ 并注意到 $P_1\phi(B_{12}) = \phi(B_{12})$，从而对任意的 $B_{12} \in M_{12}$，有

$$\phi(B_{12}) = \phi(P_1)B_{12} \tag{5-59}$$

由式（5-58）可知，

$$\phi(A_{11}B_{12}) = A_{11}B_{12}\phi(P_2) = A_{11}\phi(B_{12})$$

再由式（5-57），从而得

$$\phi(A_{11}B_{12}) = \phi(A_{11})B_{12} = A_{11}\phi(B_{12})$$

即结论（1）成立。

由式（5-59）可知，

$$\phi(A_{12}B_{22}) = \phi(P_1)A_{12}B_{22} = \phi(A_{12})B_{22}$$

再由式（5-56），从而

$$\phi(A_{12}B_{22}) = \phi(A_{12})B_{22} = A_{12}\phi(B_{22})$$

即结论（2）成立。

由结论（1），对任意的 $S_{12} \in M_{12}$，有

$$\phi(A_{11}B_{11})S_{12} = \phi(A_{11}B_{11}S_{12}) = \phi(A_{11})B_{11}S_{12}$$

且

$$\phi(A_{11}B_{11})S_{12} = \phi(A_{11}B_{11}S_{12}) = A_{11}\phi(B_{11}S_{12}) = A_{11}\phi(B_{11})S_{12}$$

由引理 5.20 和引理 5.18（1），则

$$\phi(A_{11}B_{11}) = \phi(A_{11})B_{11} = A_{11}\phi(B_{11})$$

即结论（3）成立。

由结论（2），对任意的 $S_{12} \in M_{12}$，有

$$S_{12}\phi(A_{22}B_{22}) = \phi(S_{12}A_{22}B_{22}) = S_{12}A_{22}\phi(B_{22})$$

且

$$S_{12}\phi(A_{22}B_{22}) = \phi(S_{12}A_{22}B_{22}) = \phi(S_{12}A_{22})B_{22} = S_{12}\phi(A_{22})B_{22}$$

由引理 5.20 和引理 5.18（2），则

$$\phi(A_{22}B_{22}) = \phi(A_{22})B_{22} = A_{22}\phi(B_{22})$$

即结论（4）成立。证毕。

定理 5.5 设 H 为实数域或复数域 $\mathbb{C}$ 上的 Hilbert 空间，N 为 H 上的一个非平凡套，$\tau(N)$ 为相应的套代数，并且 $\phi: \tau(N) \to \tau(N)$ 是一个可加映射。如果存在正整数 m, n，使得

$$(m+n)\phi(A^2) = m\phi(A)A + nA\phi(A)$$

对所有的 $A\in\tau(N)$ 成立，则存在 $\lambda\in\mathbb{C}$ 使得对任意 $A\in\tau(N)$，有 $\phi(A)=\lambda A$。

证明　取 $P_1\in\tau(N)$ 为一个非平凡投影，记 $P_2=I-P_1$ 且 $M_{ij}=P_i\tau(N)P_j(1\leqslant i\leqslant j\leqslant 2)$，设 $A,B\in\tau(N)$，则 $A=A_{11}+A_{12}+A_{22}$，$B=B_{11}+B_{12}+B_{22}$，其中 $A_{ij},B_{ij}\in M_{ij}$。由引理 5.20 和引理 5.21，则

$$\begin{aligned}\phi(AB)&=\phi(A_{11}B_{11}+A_{11}B_{12}+A_{12}B_{22}+A_{22}B_{22})\\&=\phi(A_{11})B_{11}+\phi(A_{11})B_{12}+\phi(A_{12})B_{22}+\phi(A_{22})B_{22}\\&=A_{11}\phi(B_{11})+A_{11}\phi(B_{12})+A_{12}\phi(B_{22})+A_{22}\phi(B_{22})\\&=\phi(A_{11}+A_{12}+A_{22})(B_{11}+B_{12}+B_{22})\\&=(A_{11}+A_{12}+A_{22})\phi(B_{11}+B_{12}+B_{22})\\&=\phi(A)B=A\phi(B)\end{aligned}$$

特别地，对任意的 $A\in\tau(N)$，有 $\phi(A)=\phi(I)A=A\phi(I)$。而套代数的换位是平凡的，则存在 $\lambda\in\mathbb{C}$，使得 $\phi(I)=\lambda I$，从而对任意 $A\in\tau(N)$，有 $\phi(A)=\lambda A$。证毕。

定理 5.6　设 H 为实数域或复数域 $\mathbb{C}$ 上的 Hilbert 空间，N 为 H 上的一个非平凡套，$\tau(N)$ 为相应的套代数，并且 $\phi:\tau(N)\to\tau(N)$ 是一个可加映射。如果存在正整数 m,n,p，使得 $(m+n)\phi(A^{p+1})=m\phi(A)A^p+nA^p\phi(A)$ 对所有的 $A\in\tau(N)$ 成立，则存在 $\lambda\in\mathbb{C}$，使得对任意 $A\in\tau(N)$，有 $\phi(A)=\lambda A$。

证明　用 $A+tI$ 代替 A（t 为 $\mathbb{C}$ 中的任意有理数），注意 $\phi(tA)=t\phi(A)$，可得

$$(m+n)C_{p+1}^{p}\phi(A)=C_p^p(m\phi(A)+n\phi(A))+C_p^{p-1}(m\phi(I)A+nA\phi(I)) \tag{5-60}$$

且

$$(m+n)C_{p+1}^{p-1}\phi(A^2)=C_p^{p-1}(m\phi(A)A+nA\phi(A))+C_p^{p-2}(m\phi(I)A^2+nA^2\phi(I)) \tag{5-61}$$

由式（5-60），则对任意 $A\in\tau(N)$，有

$$(m+n)\phi(A)=m\phi(I)A+nA\phi(I) \tag{5-62}$$

在式（5-62）中用 A^2 代替 A，得

$$(m+n)\phi(A^2)=m\phi(I)A^2+nA^2\phi(I) \tag{5-63}$$

将式（5-63）代入式（5-60），化简得

$$(m+n)\phi(A^2)=m\phi(A)A+nA\phi(A)$$

由定理 5.5 可知，存在$\lambda\in\mathbb{C}$，使得对任意$A\in\tau(N)$，有$\phi(A)=\lambda A$。证毕。

定理 5.7　设H为实数域或复数域$\mathbb{C}$上的 Hilbert 空间，N为H上的一个非平凡套，$\tau(N)$为相应的套代数，并且$\phi:\tau(N)\to\tau(N)$是一个可加映射。如果存在正整数m,n，使得$\phi(A^{m+n+1})=A^m\phi(A)A^n$对所有的$A\in\tau(N)$成立，则存在$\lambda\in\mathbb{C}$，使得对任意$A\in\tau(N)$，有$\phi(A)=\lambda A$。

证明　用$A+tI$代替A（t为F中的任意有理数），由等式两边t的$m+n-1$次方的系数相等，则

$$C_{m+n+1}^{m+n-1}\phi(A^2)=mA\phi(A)+n\phi(A)A+mnA\phi(I)A+C_m^2A^2\phi(I)+C_n^2\phi(I)A^2 \tag{5-64}$$

由等式两边t的$m+n$次方的系数相等，则

$$mA\phi(I)+n\phi(I)A=(m+n)\phi(A) \tag{5-65}$$

对式（5-65）两边左乘A，得

$$mA^2\phi(I)+nA\phi(I)A=(m+n)A\phi(A) \tag{5-66}$$

对式（5-65）两边右乘A，得

$$mA\phi(I)A+n\phi(I)A^2=(m+n)\phi(A)A \tag{5-67}$$

在式（5-65）中用A^2代替A，得

$$mA^2\phi(I)+n\phi(I)A^2=(m+n)\phi(A^2) \tag{5-68}$$

将式（5-66）和式（5-67）两式相加，得

$$mA^2\phi(I)+n\phi(I)A^2=(m+n)(\phi(A)A+A\phi(A))-(m+n)A\phi(I)A \tag{5-69}$$

从而由式（5-68）和式（5-69），则

$$(m+n)\phi(A^2)=(m+n)(\phi(A)A+A\phi(A))-(m+n)A\phi(I)A$$

即

$$A\phi(I)A=\phi(A)A+A\phi(A)-\phi(A^2) \tag{5-70}$$

由式（5-66）和式（5-70），则

$$A^2\phi(I)=\frac{m+n}{m}A\phi(A)-\frac{n}{m}(A\phi(A)+\phi(A)A-\phi(A^2)) \tag{5-71}$$

由式（5-67）和式（5-70），则

$$\phi(I)A^2=\frac{m+n}{n}\phi(A)A-\frac{m}{n}(A\phi(A)+\phi(A)A-\phi(A^2)) \tag{5-72}$$

将式（5-70）～式（5-72）代入式（5-64），有

$$\begin{aligned}&(m+\frac{(m-1)(m+n)}{2}+mn-\frac{(m-1)n}{2}-\frac{(n-1)m}{2})A\phi(A)\\&+(n+\frac{(n-1)(m+n)}{2}+mn-\frac{(m-1)n}{2}-\frac{(n-1)m}{2})\phi(A)A\\&=(\frac{(m+n+1)(m+n)}{2}+mn-\frac{(m-1)n}{2}-\frac{(n-1)m}{2})\phi(A^2)\end{aligned}$$

化简得

$$(m+n)\phi(A^2)=mA\phi(A)+n\phi(A)A$$

由定理 5.5，则存在 $\lambda\in\mathbb{C}$，使得对任意 $A\in\tau(N)$，有 $\phi(A)=\lambda A$。证毕。

§5.7　矩阵代数上的拟三重Jordan可导映射[129]

设 A 是一个环或代数，$\Phi:A\to A$ 为映射。若对任意的 $a,b\in A$，有 $\Phi(aba)=\Phi(a)\Phi(b)\Phi(a)$，则称 Φ 是拟三重 Jordan 映射；若对任意 $a,b\in A$，有 $\Phi(aba)=\Phi(a)ba+a\Phi(b)a+ab\Phi(a)$，则称 Φ 是拟三重 Jordan 可导映射；若可加映射 $\varphi:A\to A$ 满足 $\varphi(ab)=\varphi(a)b+a\varphi(b)$，则称 φ 是可加导子。设 R 是一个含单位元的可交换 2-无挠环，$M_n(R)$ 是 R 上的 $n\times n$ 阶矩阵代数。用 I_n 和 E_n 分别表示 $M_n(R)$ 中的单位矩阵和第 i 行第 j 列元素是 1 其余元素是零的矩阵。

本节主要得到以下结果。

定理5.8　设R是一个含单位元的可交换的2-无挠环且$n\geqslant 2$。映射$\Phi:M_n(R)\to M_n(R)$是一个拟三重 Jordan 可导映射的充要条件是存在$T\in M_n(R)$和可加导子$\varphi:R\to R$，使得对任意$A=(a_{ij})\in M_n(R)$，有$\Phi(A)=AT-TA+A_\varphi$，这里$A_\varphi=(\varphi(a_{ij}))$。

首先，我们给出映射Φ的一些简单性质。

引理 5.22　设$\Phi:M_n(R)\to M_n(R)$是一个拟三重 Jordan 可导映射，则

（1）$\Phi(I_n)=\Phi(0)=0$；

（2）对任意 $A\in M_n(R)$，有 $\Phi(A^2)=A\Phi(A)+\Phi(A)A$。

引理 5.23　设$\Phi:M_2(R)\to M_2(R)$是一个拟三重 Jordan 可导映射，则存在$T\in M_2(R)$和可加导子$\varphi:R\to R$，使得对任意$A\in M_2(R)$，有$\Phi(A)=AT-TA+A_\varphi$。

证明　设$\Phi(E_{11})=\begin{pmatrix} a_1 & a_2 \\ a_3 & a_4 \end{pmatrix}$，其中$a_i \in R$。由引理 5.22（2）可知

$$\Phi(E_{11})=\Phi(E_{11})E_{11}+E_{11}\Phi(E_{11})$$

由此可得$a_1=a_4=0$。于是

$$\Phi(E_{11})=\begin{pmatrix} 0 & a_2 \\ a_3 & 0 \end{pmatrix} \tag{5-73}$$

设$\Phi(E_{12})=\begin{pmatrix} b_1 & b_2 \\ b_3 & b_4 \end{pmatrix}$，其中$b_i \in R$。由引理 5.22 得

$$\Phi(E_{12}^2)=\Phi(E_{12})E_{12}+E_{12}\Phi(E_{12})=0$$

由此可得$b_3=0$，且$b_3+b_4=0$。从而

$$\Phi(E_{12})=\begin{pmatrix} b_1 & b_2 \\ 0 & -b_1 \end{pmatrix} \tag{5-74}$$

类似地，可以证明

$$\Phi(E_{21})=\begin{pmatrix} c_1 & 0 \\ c_3 & -c_1 \end{pmatrix} \text{且} \Phi(E_{22})=\begin{pmatrix} 0 & d_2 \\ d_3 & 0 \end{pmatrix} \tag{5-75}$$

这里$c_1,c_3,d_2,d_3 \in R$。在等式

$$\Phi(ABA)=\Phi(A)BA+A\Phi(B)A+AB\Phi(A) \tag{5-76}$$

中取$A=E_{11},B=E_{12},E_{21}$，可以得到

$$a_3+b_1=0 \text{且} a_2+c_1=0$$

在式（5-76）中取$A=E_{12},B=E_{21},E_{22}$，有

$$b_2+c_3=0 \text{且} b_1-d_3=0$$

在式（5-76）中取$A=E_{21},B=E_{22}$，可以得到

$$c_1-d_2=0$$

因此由式（5-73）～式（5-75），有

$$\Phi(E_{11})=\begin{pmatrix} 0 & a_2 \\ a_3 & 0 \end{pmatrix},\ \Phi(E_{12})=\begin{pmatrix} -a_3 & b_2 \\ 0 & a_3 \end{pmatrix}$$

且

$$\Phi(E_{21})=\begin{pmatrix}-a_2 & 0\\ -b_2 & a_2\end{pmatrix},\ \Phi(E_{12})=\begin{pmatrix}0 & -a_2\\ -a_3 & 0\end{pmatrix}$$

取 $T=\begin{pmatrix}0 & a_2\\ -a_3 & b_2\end{pmatrix}$。容易验证，对任意 $i,j=1,2$，有

$$\Phi(E_{ij})=E_{ij}T-TE_{ij} \tag{5-77}$$

对任意 $A\in M_2(R)$，定义

$$\Psi(A)=\Phi(A)-(AT-TA) \tag{5-78}$$

于是由式（5-77），对任意 $i,j=1,2$，有 $\Psi(E_{ij})=0$。同时，对任意 $A,B\in M_2(R)$，有

$$\Psi(ABA)=\Psi(A)BA+A\Psi(B)A+AB\Psi(A)$$

设 $A=(a_{ij})\in M_2(R)$ 且 $\Psi(A)=(b_{ij})$。由于 $\Psi(E_{ji})=0$，则

$$b_{ij}E_{ji}=E_{ji}\Psi(A)E_{ji}=\Psi(E_{ji}AE_{ji})=\Psi(a_{ij}E_{ji})$$

这说明 $\Psi(A)$ 第 i 行第 j 列的元素只与 A 的第 i 行第 j 列的元素有关。于是存在映射 $\varphi_{ij}:R\to R$，使得

$$\Psi\left(\begin{pmatrix}a_{11} & a_{12}\\ a_{21} & a_{22}\end{pmatrix}\right)=\begin{pmatrix}\varphi_{11}(a_{11}) & \varphi_{12}(a_{12})\\ \varphi_{21}(a_{21}) & \varphi_{22}(a_{22})\end{pmatrix}$$

由 $\Psi(E_{ij})=0$ 可知，对任意 $i,j=1,2$，有 $\varphi_{ij}(0)=\varphi_{ij}(1)=0$。从而由上式，得

$$\Psi\left(\begin{pmatrix}1 & 1\\ 1 & 1\end{pmatrix}\right)=0 \tag{5-79}$$

由式（5-79），则对任意 $a\in R$，有

$$\begin{aligned}\begin{pmatrix}\varphi_{11}(a) & \varphi_{11}(a)\\ \varphi_{11}(a) & \varphi_{11}(a)\end{pmatrix}&=\begin{pmatrix}1 & 1\\ 1 & 1\end{pmatrix}\begin{pmatrix}\varphi_{11}(a) & 0\\ 0 & 0\end{pmatrix}\begin{pmatrix}1 & 1\\ 1 & 1\end{pmatrix}\\ &=\begin{pmatrix}1 & 1\\ 1 & 1\end{pmatrix}\Psi\left(\begin{pmatrix}a & 0\\ 0 & 0\end{pmatrix}\right)\begin{pmatrix}1 & 1\\ 1 & 1\end{pmatrix}\\ &=\Psi\left(\begin{pmatrix}1 & 1\\ 1 & 1\end{pmatrix}\begin{pmatrix}a & 0\\ 0 & 0\end{pmatrix}\begin{pmatrix}1 & 1\\ 1 & 1\end{pmatrix}\right)\\ &=\Psi\left(\begin{pmatrix}a & a\\ a & a\end{pmatrix}\right)=\begin{pmatrix}\varphi_{11}(a) & \varphi_{12}(a)\\ \varphi_{21}(a) & \varphi_{22}(a)\end{pmatrix}\end{aligned}$$

因此，$\varphi_{11}=\varphi_{12}=\varphi_{21}=\varphi_{22}$，记 $\varphi=\varphi_{ij}$，则对任意 $A\in M_2(R)$，有

$$\Psi(A)=A_\varphi=\begin{pmatrix}\varphi(a_{11}) & \varphi(a_{12})\\ \varphi(a_{21}) & \varphi(a_{22})\end{pmatrix} \tag{5-80}$$

下面证明 φ 是 R 上的一个可加导子。设 $a,b\in R$，则

$$\begin{aligned}\begin{pmatrix}\varphi(a+b) & \varphi(a+b)\\ \varphi(a+b) & \varphi(a+b)\end{pmatrix}&=\Psi\left(\begin{pmatrix}a+b & a+b\\ a+b & a+b\end{pmatrix}\right)\\ &=\Psi\left(\begin{pmatrix}1 & 1\\ 1 & 1\end{pmatrix}\begin{pmatrix}a & b\\ 0 & 0\end{pmatrix}\begin{pmatrix}1 & 1\\ 1 & 1\end{pmatrix}\right)\\ &=\begin{pmatrix}1 & 1\\ 1 & 1\end{pmatrix}\Psi\left(\begin{pmatrix}a & b\\ 0 & 0\end{pmatrix}\right)\begin{pmatrix}1 & 1\\ 1 & 1\end{pmatrix}\\ &=\begin{pmatrix}1 & 1\\ 1 & 1\end{pmatrix}\Psi\begin{pmatrix}\varphi(a) & \varphi(b)\\ 0 & 0\end{pmatrix}\begin{pmatrix}1 & 1\\ 1 & 1\end{pmatrix}\\ &=\begin{pmatrix}\varphi(a)+\varphi(b) & \varphi(a)+\varphi(b)\\ \varphi(a)+\varphi(b) & \varphi(a)+\varphi(b)\end{pmatrix}\end{aligned}$$

这说明 $\varphi(a+b)=\varphi(a)+\varphi(b)$，从而 φ 是可加映射。另外，由引理 5.22（2），可得

$$\begin{aligned}\begin{pmatrix}\varphi(a^2) & \varphi(ab)\\ 0 & 0\end{pmatrix}&=\Psi\left(\begin{pmatrix}a & b\\ 0 & 0\end{pmatrix}^2\right)\\ &=\Psi\left(\begin{pmatrix}a & b\\ 0 & 0\end{pmatrix}\right)\begin{pmatrix}a & b\\ 0 & 0\end{pmatrix}+\begin{pmatrix}a & b\\ 0 & 0\end{pmatrix}\Psi\left(\begin{pmatrix}a & b\\ 0 & 0\end{pmatrix}\right)\\ &=\begin{pmatrix}\varphi(a) & \varphi(b)\\ 0 & 0\end{pmatrix}\begin{pmatrix}a & b\\ 0 & 0\end{pmatrix}+\begin{pmatrix}a & b\\ 0 & 0\end{pmatrix}\begin{pmatrix}\varphi(a) & \varphi(b)\\ 0 & 0\end{pmatrix}\\ &=\begin{pmatrix}\varphi(a)a & \varphi(a)b\\ 0 & 0\end{pmatrix}+\begin{pmatrix}a\varphi(a) & a\varphi(b)\\ 0 & 0\end{pmatrix}\\ &=\begin{pmatrix}\varphi(a)a+a\varphi(a) & \varphi(a)b+a\varphi(b)\\ 0 & 0\end{pmatrix}\end{aligned}$$

于是 $\varphi(ab)=\varphi(a)b+a\varphi(b)$。因此，$\varphi$ 是 R 上的一个可加导子。

最后，由式(5-78)和式(5-80)，则对任意 $A\in M_2(R)$，有 $\Phi(A)=AT-TA+A_\varphi$。证毕。

定理 5.8 的证明　由引理 2.2 可知当 $n=2$ 时，结论成立。假设 $n=m$ 时，结论

成立。

当$n=m+1$时，令$P=I_m\oplus 0$和$P^{\perp}=0_m\oplus 1$，这里0_m是$M_m(R)$中的零矩阵。由引理5.22（2）可知$\Phi(P)=\Phi(P)P+P\Phi(P)$。于是$P\Phi(P)P=P^{\perp}\Phi(P)P^{\perp}=0$。从而

$$\Phi(P)=P\Phi(P)P^{\perp}+P^{\perp}\Phi(P)P=PU-UP\,, \tag{5-81}$$

这里$U=P\Phi(P)P^{\perp}-P^{\perp}\Phi(P)P\in M_{m+1}(R)$。对任意$X\in M_{m+1}(R)$，用映射

$$X\mapsto\Phi(X)-(XU-UX) \tag{5-82}$$

来代替映射Φ，则由式（5-81），可以假设$\Phi(P)=0$。

设$A_m\in M_m(R)$且$A=A_m\oplus 0$，则$A\in M_{m+1}(R)$且$A=PAP$。由$\Phi(P)=0$可知，存在$B_m\in M_m(R)$，使得

$$\Phi(A)=\Phi(PAP)=P\Phi(A)P=B_m\oplus 0$$

对任意$A_m\in M_m(R)$，定义$\widehat{\Phi}(A_m)=B_m$，也就是$\widehat{\Phi}(A_m\oplus 0)=\widehat{\Phi}(A_m)\oplus 0$。容易验证$\widehat{\Phi}$是一个从$M_m(R)$到它自身的拟三重Jordan可导映射。由归纳假设，存在$S\in M_m(R)$和R上的可加导子φ，使得对任意的$A_m\in M_m(R)$，有

$$\widehat{\Phi}(A_m)=A_mS-SA_m+(A_m)_{\varphi}$$

记$V=S\oplus 0$。对任意$X\in M_{m+1}(R)$定义

$$\Psi(X)=\Phi(X)-(XV-VX) \tag{5-83}$$

显然，$\Psi(P)=0$。于是可以类似地得到一个拟三重Jordan可导映射$\widehat{\Psi}:M_m(R)\to M_m(R)$，使得对任意$A_m\in M_m(R)$，有

$$\Psi(A_m\oplus 0)=\widehat{\Psi}(A_m)\oplus 0 \tag{5-84}$$

由于

$$\begin{aligned}\Psi(A_m\oplus 0)&=\Phi(A_m\oplus 0)-[(A_m\oplus 0)(S\oplus 0)-(S\oplus 0)(A_m\oplus 0)]\\&=\widehat{\Phi}(A_m)\oplus 0-(A_mS-SA_m)\oplus 0\\&=(A_m)_{\varphi}\oplus 0\end{aligned}$$

从而由式（5-83），对任意$A_m\in M_m(R)$，有

$$\widehat{\Psi}(A_m)=(A_m)_{\varphi} \tag{5-85}$$

设 $A=\begin{pmatrix} A_{11} & A_{12} \\ A_{21} & A_{22} \end{pmatrix}\in M_{m+1}(R)$。这里 $A_{11}\in M_m(R)$。显然，$PAP=A_{11}\oplus 0$。由 $\Psi(P)=0$、式（5-84）和式（5-85），则

$$P\Psi(A)P=\Psi(PAP)=\widehat{\Psi}(A_{11})\oplus 0=(A_{11})_{\varphi}\oplus 0 \tag{5-86}$$

对每一个 $i\in\{1,2,\cdots,m\}$，令

$$D_i=I_{m+1}-E_{ii}-E_{(m+1)(m+1)}+E_{i(m+1)}+E_{(m+1)i}$$

由式（5-86），则 $P\Psi(D_i)P=0$。从而存在

$$x_i=(x_{i1},x_{i2},\cdots,x_{im}),\ y_i=(y_{i1},y_{i2},\cdots,y_{im})\in R^m$$

以及 $z_i\in R$，使得对任意 $i\in\{1,2,\cdots,m\}$，有

$$\Psi(D_i)=\begin{pmatrix} 0_m & x_i \\ y_i & z_i \end{pmatrix} \tag{5-87}$$

又 $D_i^2=I_{m+1}$，则由引理 5.22，有

$$D_i\Psi(D_i)+\Psi(D_i)D_i=\Psi(D_i^2)=\Psi(I_{m+1})=0 \tag{5-88}$$

由式（5-87）和式（5-88）直接计算可知，对每一个固定的 $i\in\{1,2,\cdots,m\}$，

$$x_{ii}+y_{ii}=z_i=0\text{且}x_{ik}+y_{ik}=0(k\neq i)$$

从而对每一个 $i\in\{1,2,\cdots,m\}$，有

$$\Psi(D_i)=x_{ii}E_{i(m+1)}-x_{ii}E_{(m+1)i} \tag{5-89}$$

设 $i,j\in\{1,2,\cdots,m\}$ 且 $i\neq j$，则 $D_iD_jD_i=I_{m+1}-E_{ii}-E_{jj}+E_{ij}+E_{ji}$。从而由式（5-86）和式（5-89），可得

$$\begin{aligned}0&=P\Psi(I_{m+1}-E_{ii}-E_{jj}+E_{ij}+E_{ji})P=P\Psi(D_iD_jD_i)P\\&=P[\Psi(D_i)D_jD_i+D_i\Psi(D_j)D_i+D_iD_j\Psi(D_i)]P\\&=P[(x_{ii}-x_{jj})E_{ij}+(x_{jj}-x_{ii})E_{ji}]P\\&=(x_{ii}-x_{jj})E_{ij}+(x_{jj}-x_{ii})E_{ji}\end{aligned}$$

这说明对任意$i, j \in \{1,2,\cdots,m\}$且$i \neq j$，有$x_{ii} = x_{jj}$。再由式（5-89），则对任意$i \in \{1,2,\cdots,m\}$，

$$\Psi(D_i) = x_{11}E_{i(m+1)} - x_{11}E_{(m+1)i} \tag{5-90}$$

令$W = 0_m \oplus x_{11}$。对任意$X \in M_{m+1}(R)$，用映射

$$X \mapsto \Psi(X) - (XW - WX) \tag{5-91}$$

来代替映射Ψ。由式（5-90），我们不妨设$\Psi(D_i) = 0 (i = 1,2,\cdots,m)$，使得$i \neq j$。从而

$$E_{i(m+1)} = D_j E_{ij} D_j \text{且} \ E_{ji} = D_j E_{(m+1)i} D_j$$

于是对任意$a \in R$，由$\Psi(D_i) = 0$和式（5-86）可知，

$$\Psi(aE_{i(m+1)}) = \Psi(D_j(aE_{ij})D_j) = D_j\varphi(a)E_{ij}D_j = \varphi(a)E_{i(m+1)} \tag{5-92}$$

且

$$\Psi(aE_{(m+1)i}) = \Psi(D_j(aE_{ji})D_j) = D_j\varphi(a)E_{ji}D_j = \varphi(a)E_{(m+1)i} \tag{5-93}$$

又$E_{(m+1)(m+1)} = D_1(E_{11})D_1$且$\Psi(D_1) = 0$，从而对任意$a \in R$，有

$$\Psi(aE_{(m+1)(m+1)}) = \Psi(D_1(aE_{11})D_1) = D_1\varphi(a)E_{11}D_1 = \varphi(a)E_{(m+1)(m+1)}$$

由上式、式（5-86）、式（5-92）和式（5-93），则对任意$a \in R$和$i, j \in 1,2,\cdots,m+1,$有

$$\Psi(aE_{ij}) = \varphi(a)E_{ij} \tag{5-94}$$

特别地

$$\Psi(E_{ij}) = \varphi(1)E_{ij} = 0 \ \ (i, j = 1,2,\cdots,m+1)$$

最后，设$A = (a_{ij}) \in M_{m+1}(R)$，且$\Psi(A) = (b_{ij})$，则由$\Psi(E_{ji}) = 0$和式（5-94），得

$$b_{ij}E_{ji} = E_{ji}\Psi(A)E_{ji} = \Psi(E_{ji}AE_{ji}) = \Psi(a_{ij}E_{ji}) = \varphi(a_{ij})E_{ji}$$

这说明$\Psi(A) = (\varphi(a_{ij})) = A_\varphi$。由式（5-82）、式（5-83）和式（5-91），因此对任意$A \in M_{m+1}$，有

$$\Phi(A) = AT - TA + A_{\varphi}$$

这里$T = U + V + W \in M_{m+1}(R)$。证毕。

由于实数域或复数域存在不可加的拟三重 Jordan 可导映射，因此定理 5.8 中 $n \geqslant 2$ 的假设是必要的，例如，函数

$$f(x) = \begin{cases} 0, & x = 0 \\ x\ln|x|, & x \neq 0 \end{cases}$$

是一个拟三重 Jordan 可导映射但不可加。

§5.8 注　记

通过对 Jordan 映射的研究来探讨代数的 Jordan 结构一直是许多学者关注的焦点。

导子一定是 Jordan 导子，但反之一般不成立。自然地，哪些代数或环上的 Jordan 导子一定是导子呢？多年来，许多学者研究了这一问题，但大多数集中于素环和半素环上。Herstein 证明了从一个 2-无挠（若$2x = 0$，则$x = 0$）素环到它自身的每一个 Jordan 导子是导子[112]。Brešar[21]把 Herstein 的结果推广到2-无挠半素环[130]。Brešar 又研究了 2-无挠素环上的 Jordan(θ, ϕ)-导子，并证明了 2-无挠素环上的 Jordan(θ, ϕ)-导子是(θ, ϕ)-导子[110]。Sinclair 得出半单 Banach 代数上的每一个连续的线性 Jordan 导子是导子[131]。文献[111]证明了套代数上的每一个 Jordan 导子都是内导子。文献[29]证明了三角代数上的每一个 Jordan 导子都是导子。文献[132]证明了套代数上的每一个广义 Jordan 导子都是广义导子。有关 Jordan 映射（Jordan 导子，Jordan 同构）的研究还可见文献[133-137]。

关于具有满足哪些条件的映射为中心化子的研究一直受到许多学者的关注，见文献[121-127]，但大多数要求环或代数具有半素性或素性。如 Vukman 对 2-无挠自由半素环上的可加映射ϕ证明了：满足条件$2\phi(A^2) = \phi(A)A + A\phi(A)$的$\phi$是中心化子[124]。Qi 证明了素的标准算子代数 **A** 上的可加映射ϕ如果满足条件$\phi(A^{m+n+1}) - A^m\phi(A)A^n \in \mathbb{F}I$（其中$m, n$为正整数，$I$为单位算子，$\mathbb{F}$为实或复数域）对所有的$A \in$ A 成立，则存在$\lambda \in \mathbb{F}$，使得对任意的$A \in$ A，有$\phi(A) = \lambda A$[123]。

矩阵或算子代数上的拟三重 Jordan 映射的研究一直备受关注[104,133,136,138,139]，Monlar 证明了作用在无限维 Banach 空间上的标准算子代数之间的拟三重 Jordan

满射是线性或共轭线性并且是连续的[70]。同时在矩阵代数 $M_n(\mathbb{C})(n>2)$ 上给出这类满射的形式。Li 和 Jing 在 2-无挠素环上得到了一个更广泛的结论[136]。Lešnjak 和 Sze 对数域 $\mathbb{F}$ 上的矩阵代数 $M_n(\mathbb{F})(n>2)$ 上的拟三重 Jordan 单射进行了刻画[128]。

在定理 5.3 的证明过程中需要 $\theta(P),\phi(P)$ 的结构，而目前只知当 A,B 只含有平凡幂等元时 $\theta(P),\phi(P)$ 的形式，在此提出需要在今后的工作中进一步探讨的问题：

A,B 只含有平凡幂等元这个条件能否去掉？

第 6 章　套代数上的双导子与可交换映射

§6.1　引　　言

双导子和可交换映射与算子代数的 Lie 结构、Jordan 结构有密切关系。本章将在第 2 节讨论套代数上的σ-双导子和σ-可交换线性映射；第 3 节讨论套代数上的广义σ-双导子和广义σ-可交换线性映射；第 4 节引入(α,β)-双导子的概念，并研究套代数上的(α,β)-双导子。在0_+的维数$\dim 0_+\neq 1$或$H_-^{\perp}$的维数$\dim H_-^{\perp}\neq 1$的条件下，给出了套代数上的每一个(α,β)-双导子的具体表达形式。通过对这些映射的研究，进一步探讨算子代数的 Lie 结构与 Jordan 结构。

为了方便，如果N是H的一个闭子空间，本书用$P(N)$表示从H到N上的正交投影。

§6.2　套代数上的σ-双导子与σ-可交换映射[140]

首先给出几个定义。

定义 6.1　设A是一个代数，σ是A的自同构。如果$\delta: A\rightarrow A$是一个线性映射且对任意的$X,Y\in A$，有$\delta(XY)=\delta(X)Y+\sigma(X)\delta(Y)$，则称$\delta$是$A$的一个$\sigma$-导子。

定义 6.2　如果双线性映射$\Delta: A\times A\rightarrow A$对每一个变量都是$\sigma$-导子，则称$\Delta$是$A$的一个$\sigma$-双导子。

定义 6.3　如果存在可逆元A使得对任意的$X,Y\in A$，有$\Delta(X,Y)=A[X,Y]$，则称Δ是A的一个内σ-双导子，这里$[X,Y]=XY-YX$是 Lie 积。

定义 6.4　如果$f: A\rightarrow A$是一个线性映射且对任意的$X\in A$，有$f(X)X=\sigma(X)f(X)$，则称f是A的σ-可交换线性映射。

本节主要得到以下结果。

定理 6.1　设 N 是复可分 Hilbert 空间 H 上的套且 $\dim 0_+ \neq 1$ 或 $\dim H_-^{\perp} \neq 1$，σ 是 $\tau(N)$ 的一个自同构。若 Δ 是 $\tau(N)$ 的一个非零 σ-双导子，则存在可逆算子 $A \in B(H)$ 使得对任意的 $U,V \in \tau(N)$，有 $\sigma(U) = AUA^{-1}$ 且 $\Delta(U,V) = A[U,V]$。

为了证明定理 6.1，需要下列已知结论。

引理 6.1[13]　设 R 是一个环，σ 是 R 的一个自同构。若 Δ 是 R 的 σ-双导子，则对任意的 $X,Y,Z,U,V \in R$，有

$$\Delta(X,Y)Z[U,V] = [\sigma(X),\sigma(Y)]\sigma(Z)\Delta(U,V)$$

引理 6.2[13]　设 Ω 是任一集合，R 是一个素环，C 是 R 的扩展中心。若对任意的 $s,t \in \Omega, X \in R$，映射 $f,h:\Omega \to R$（$f \neq 0$）满足 $f(s)Xh(t) = h(s)Xf(t)$，则存在 $\lambda \in C$ 使得对任意的 $s \in \Omega$，有 $h(s) = \lambda f(s)$。

引理 6.3[13]　设 R 是一个素环，C 是 R 的扩展中心。若对任意的 $X \in R$，非零元 $A_i,B_i \in R$ 满足 $\sum_{i=1}^{m} A_i X B_i = 0$，则 $A_1,A_2,\cdots,A_m$ 在 C 上线性无关，同时，$B_1,B_2,\cdots,B_m$ 在 C 上也线性无关。

引理 6.4[12]　设 N 是复可分 Hilbert 空间 H 上的套，σ 是 $\tau(N)$ 的一个自同构。则存在可逆算子 $S \in B(H)$ 使得对任意的 $X \in \tau(N)$，有 $\sigma(X) = SXS^{-1}$。

下面我们给出定理 6.1 的证明。

定理 6.1 的证明　由引理 6.1 知，对任意的 $X,Y,K,U,V \in \tau(N)$，有

$$\Delta(X,Y)K[U,V] = [\sigma(X),\sigma(Y)]\sigma(K)\Delta(U,V)$$

由引理 6.4，则存在可逆算子 $S \in B(H)$ 使得对任意的 $X,Y,K,U,V \in \tau(N)$，有

$$\Delta(X,Y)K[U,V] = S[X,Y]KS^{-1}\Delta(U,V)$$

即

$$S^{-1}\Delta(X,Y)K[U,V] = [X,Y]KS^{-1}\Delta(U,V) \tag{6-1}$$

以下分 4 种情形来讨论。

情形 1　若 $\dim 0_+ > 1$，设 $N = 0_+$，则 $P(N)B(H) \subset \tau(N)$。由式（6-1），从而对任意的 $X,Y,U,V \in \tau(N)$ 及 $Z \in B(H)$，有

$$S^{-1}\Delta(X,Y)P(N)Z[U,V] = [X,Y]P(N)ZS^{-1}\Delta(U,V) \tag{6-2}$$

对式（6-2）两边右乘 $P(N)$ 得

$$S^{-1}\Delta(X,Y)P(N)Z[U,V]P(N)=[X,Y]P(N)ZS^{-1}\Delta(U,V)P(N) \tag{6-3}$$

定义映射 $f,h:\tau(N)\times\tau(N)\to B(H)$ 分别为

$$f(X,Y)=[X,Y]P(N) \text{ 和 } h(X,Y)=S^{-1}\Delta(X,Y)P(N)$$

由式（6-3），则对任意的 $X,Y,U,V\in\tau(N)$ 及 $Z\in B(H)$，有

$$h(X,Y)Zf(U,V)=f(X,Y)Zh(U,V) \tag{6-4}$$

由 $\dim N>1$ 可知，存在 $X_0,Y_0\in\tau(N)$ 使得 $[X_0,Y_0]P(N)\neq 0$，从而 $f\neq 0$。于是由式（6-4）和引理 6.2，存在 $\lambda\in\mathbb{C}$ 使得对任意的 $X,Y\in\tau(N)$，有 $h(X,Y)=\lambda f(X,Y)$，即

$$S^{-1}\Delta(X,Y)P(N)=\lambda[X,Y]P(N)$$

将此式代入式（6-2），则对任意的 $X,Y,U,V\in\tau(N)$，有

$$[X,Y]P(N)B(H)(\lambda[U,V]-S^{-1}\Delta(U,V))=0 \tag{6-5}$$

在式（6-5）中，取 $X=X_0$ 且 $Y=Y_0$，则由 $[X_0,Y_0]P(N)\neq 0$ 可知 $\Delta(U,V)=\lambda S[U,V]$。令 $A=\lambda S$，由 $\Delta\neq 0$ 可知 $\lambda\neq 0$，从而 A 可逆。因此，对任意的 $U,V\in\tau(N)$，有

$$\sigma(U)=AUA^{-1} \text{ 且 } \Delta(U,V)=A[U,V]$$

情形 2 若 $\dim 0_+=0$，则 $0_+=0$。从而存在 $N\setminus\{\{0\},H\}$ 中的一列递减闭子空间 $\{N_n\}$ 使得 $P_n=P(N_n)$ 强收敛于 0。显然，当 $n>2$ 时，有 $P_nB(H)P_n^{\perp}\subset\tau(N)$。从而由式（6-1），对任意的 $X,Y,U,V\in\tau(N)$ 以及 $Z\in B(H)$，有

$$S^{-1}\Delta(X,Y)P_nZP_n^{\perp}[U,V]=[X,Y]P_nZP_n^{\perp}S^{-1}\Delta(U,V) \tag{6-6}$$

若存在 $n_0>2$ 使得对任意的 $X,Y\in\tau(N)$ 有 $S^{-1}\Delta(X,Y)P_{n_0}=0$，由 $\{N_n\}$ 的递减性可知，对任意 $n>n_0$ 有 $P_n<P_{n_0}$。则 $S^{-1}\Delta(X,Y)P_n=0$。从而由式（6-6），对任意的 $X,Y,U,V\in\tau(N)$，有

$$[X,Y]P_nB(H)P_n^{\perp}S^{-1}\Delta(U,V)=0 \tag{6-7}$$

由于 $\dim N_n=\infty$，则对任意 $n>n_0$ 存在 $X,Y\in\tau(N)$ 使得 $[X,Y]P_n\neq 0$。从而由式（6-7），

对任意的$U,V\in\tau(N)$及$n>n_0$，有$P_n^{\perp}S^{-1}\Delta(U,V)=0$。让$n\to\infty$，则对任意的$U,V\in\tau(N)$有

$$S^{-1}\Delta(U,V)=0$$

这与$\Delta\neq 0$矛盾。因此，对任意的$n>2$相应地存在$X_n,Y_n\in\tau(N)$使得

$$S^{-1}\Delta(X_n,Y_n)P_n\neq 0 \tag{6-8}$$

若对任意的$n>2$及上述的X_n,Y_n有$[X_n,Y_n]P_n=0$，则由式（6-6）可得

$$S^{-1}\Delta(X_n,Y_n)P_nB(H)P_n^{\perp}[U,V]=0$$

从而由式(6-8)，对任意的$U,V\in\tau(N)$有$P_n^{\perp}[U,V]=0$，这与$\dim N_n^{\perp}>2$矛盾。因此，

$$[X_n,Y_n]P_n\neq 0 \tag{6-9}$$

类似地，可以得到对任意的$n>2$相应地存在$U_n,V_n\in\tau(N)$使得

$$P_n^{\perp}[U_n,V_n]\neq 0\ \text{且}\ P_n^{\perp}S^{-1}\Delta(U_n,V_n)\neq 0 \tag{6-10}$$

对固定的$n_0>2$，记

$$A_0=S^{-1}\Delta(X_{n_0},Y_{n_0})P_{n_0},\ B_0=[X_{n_0},Y_{n_0}]P_{n_0}$$

$$C_0=P_{n_0}^{\perp}S^{-1}\Delta(U_{n_0},V_{n_0}),\ D_0=P_{n_0}^{\perp}[U_{n_0},V_{n_0}]$$

则由式（6-8）～式（6-10），A_0,B_0,C_0,D_0均不为零。在式（6-6）中，取

$$n=n_0,X=X_{n_0},Y=Y_{n_0},U=U_{n_0}\ \text{且}\ V=V_{n_0}$$

从而对任意的$Z\in B(H)$，有$A_0ZD_0=B_0ZC_0$。因此由引理 6.3 可知，存在非零常数$\lambda\in\mathbb{C}$使得

$$A_0=\lambda B_0\ \text{且}\ C_0=\lambda D_0 \tag{6-11}$$

在式（6-6）中，取$n=n_0,U=U_{n_0}$且$V=V_{n_0}$，则对任意的$X,Y\in\tau(N)$及$Z\in B(H)$，有

$$S^{-1}\Delta(X,Y)P_{n_0}ZD_0=[X,Y]P_{n_0}ZC_0$$

于是由式（6-11），对任意的$X,Y\in\tau(N)$，有

$$(S^{-1}\Delta(X,Y)P_{n_0}-\lambda[X,Y]P_{n_0})B(H)D_0=0 \tag{6-12}$$

由 $D_0\neq 0$ 和式（6-12）可知，

$$S^{-1}\Delta(X,Y)P_{n_0}=\lambda[X,Y]P_{n_0}$$

从而对任意的 $X,Y\in\tau(N)$ 及 $n>n_0$，有

$$S^{-1}\Delta(X,Y)P_n=\lambda[X,Y]P_n$$

将此式代入式（6-6）中并取 $X=X_n$ 且 $Y=Y_n$，则对任意的 $Z\in B(H)$，有

$$[X_n,Y_n]P_nZ(P_n^{\perp}S^{-1}\Delta(U,V)-\lambda P_n^{\perp}[U,V])=0$$

由于 $[X_n,Y_n]P_n\neq 0$（$n>2$），则由上式，对任意的 $U,V\in\tau(N)$ 及 $n>n_0$，有

$$P_n^{\perp}S^{-1}\Delta(U,V)=\lambda P_n^{\perp}[U,V]$$

让 $n\to\infty$，则对任意的 $U,V\in\tau(N)$，有

$$\Delta(U,V)=A[U,V]\ 且\ \ \sigma(U)=AUA^{-1}$$

这里 $A=\lambda S$。

情形 3　若 $\dim H_-^{\perp}>1$，设 $M=H_-$，则 $B(H)P(M)^{\perp}\subset\tau(N)$。从而由式（6-1），对任意的 $X,Y,U,V\in\tau(N)$ 及 $Z\in B(H)$，有

$$S^{-1}\Delta(U,V)ZP(M)^{\perp}[X,Y]=[U,V]ZP(M)^{\perp}S^{-1}\Delta(X,Y) \tag{6-13}$$

对式（6-13）两边左乘 $P(M)^{\perp}$ 得

$$P(M)^{\perp}S^{-1}\Delta(U,V)ZP(M)^{\perp}[X,Y]=P(M)^{\perp}[U,V]ZP(M)^{\perp}S^{-1}\Delta(X,Y) \tag{6-14}$$

定义映射 $g,k:\tau(N)\times\tau(N)\to B(H)$ 分别为

$$g(X,Y)=P(M)^{\perp}[X,Y]$$

和

$$k(X,Y)=P(M)^{\perp}S^{-1}\Delta(X,Y)$$

由式（6-14），从而对任意的 $X,Y,U,V\in\tau(N)$ 及 $Z\in B(H)$，有

$$k(U,V)Zg(X,Y)=g(U,V)Zk(X,Y) \tag{6-15}$$

由 $\dim M^{\perp}>1$ 可知，存在 $X_0,Y_0\in\tau(N)$ 使得 $P(M)^{\perp}[X_0,Y_0]\neq 0$，从而 $g\neq 0$。于是由式（6-15）和引理 6.2，存在 $\lambda\in C$ 使得对任意的 $X,Y\in\tau(N)$，有 $k(X,Y)=\lambda g(X,Y)$，即

$$P(M)^{\perp}S^{-1}\Delta(X,Y)=\lambda P(M)^{\perp}[X,Y]$$

将此式带入式（6-13），则对任意的 $X,Y,U,V\in\tau(N)$，有

$$(S^{-1}\Delta(U,V)-\lambda[U,V])B(H)P(M)^{\perp}[X,Y]=0 \tag{6-16}$$

在式（6-16）中，取 $X=X_0$ 和 $Y=Y_0$，则由 $P(M)^{\perp}[X_0,Y_0]\neq 0$ 可知，

$$\Delta(U,V)=\lambda S[U,V]$$

令 $A=\lambda S$，由 $\Delta\neq 0$ 可知 $\lambda\neq 0$，从而 A 可逆。因此，对任意的 $U,V\in\tau(N)$，有

$$\sigma(U)=AUA^{-1}\ \text{且}\ \Delta(U,V)=A[U,V]$$

情形 4　如果 $\dim H_{-}^{\perp}=0$，则 $H_{-}=H$，从而存在 $N\setminus\{\{0\},H\}$ 的一列递增闭子空间 $\{M_n\}$ 使得 $Q_n=P(M_n)$ 强收敛于 I。显然当 $n>2$ 时有 $Q_nB(H)Q_n^{\perp}\subset\tau(N)$，从而由式（6-1），对任意的 $X,Y,U,V\in\tau(N)$ 及 $Z\in B(H)$，有

$$S^{-1}\Delta(U,V)Q_nZQ_n^{\perp}[X,Y]=[U,V]Q_nZQ_n^{\perp}S^{-1}\Delta(X,Y) \tag{6-17}$$

类似于情形 2 的证明可得：对任意的 $n>2$，相应地存在 $X_n,Y_n,U_n,V_n\in\tau(N)$ 使得

$$Q_n^{\perp}S^{-1}\Delta(X_n,Y_n)\neq 0,\ Q_n^{\perp}[X_n,Y_n]\neq 0 \tag{6-18}$$

且

$$S^{-1}\Delta(U_n,V_n)Q_n\neq 0,\ [U_n,V_n]Q_n\neq 0 \tag{6-19}$$

对固定的 $n_0>2$，记

$$A_0=S^{-1}\Delta(U_{n_0},V_{n_0})Q_{n_0},\ \ B_0=[U_{n_0},V_{n_0}]Q_{n_0}$$

$$C_0=Q_{n_0}^{\perp}S^{-1}\Delta(X_{n_0},Y_{n_0}),\ \ D_0=Q_{n_0}^{\perp}[X_{n_0},Y_{n_0}]$$

由式（6-18）和式（6-19），则 A_0,B_0,C_0,D_0 均不为零。在式（6-17）中取 $n=n_0$，$X=X_{n_0},Y=Y_{n_0},U=U_{n_0}$ 且 $V=V_{n_0}$，从而对任意的 $Z\in B(H)$，有 $A_0ZD_0=B_0ZC_0$。

因此由引理 6.3 可知，存在非零常数 $\lambda \in \mathbb{C}$ 使得

$$A_0 = \lambda B_0 \text{ 且 } C_0 = \lambda D_0$$

在式（6-17）中取 $n = n_0, U = U_{n_0}$ 且 $V = V_{n_0}$，则对任意的 $X, Y \in \tau(N)$ 及 $Z \in B(H)$，有

$$A_0 Z Q_{n_0}^{\perp}[X,Y] = B_0 Z Q_{n_0}^{\perp} S^{-1}\Delta(X,Y)$$

从而对任意的 $X, Y \in \tau(N)$ 及 $Z \in B(H)$，有

$$B_0 Z(Q_{n_0}^{\perp} S^{-1}\Delta(X,Y) - \lambda Q_{n_0}^{\perp}[X,Y]) = 0 \tag{6-20}$$

因为 $B_0 \neq 0$，由式（6-20）可得 $\lambda Q_{n_0}^{\perp}[X,Y] = Q_{n_0}^{\perp} S^{-1}\Delta(X,Y)$。再由 $\{M_n\}$ 的递增性，于是对任意的 $X, Y \in \tau(N)$ 及 $n > n_0$，有

$$\lambda Q_n^{\perp}[X,Y] = Q_n^{\perp} S^{-1}\Delta(X,Y)$$

将上式代入式（6-17）中并取 $X = X_n$ 且 $Y = Y_n$，则对任意的 $Z \in B(H)$，有

$$(S^{-1}\Delta(U,V)Q_n - \lambda[U,V]Q_n) Z Q_n^{\perp}[X_n, Y_n] = 0$$

由于 $Q_n^{\perp}[X_n, Y_n] \neq 0\ (n > 2)$，则对任意的 $U, V \in \tau(N)$ 和 $n > n_0$，有

$$S^{-1}\Delta(U,V)Q_n = \lambda[U,V]Q_n$$

让 $n \to \infty$，从而对任意的 $U, V \in \tau(N)$，有

$$\sigma(U) = AUA^{-1} \text{ 且 } \Delta(U,V) = A[U,V]$$

这里 $A = \lambda S$。证毕。

作为定理 6.1 的应用，下面讨论套代数上的 σ-可交换线性映射。

定理 6.2　设 N 是复可分 Hilbert 空间 H 上的套且 $\dim 0_+ \neq 1$ 或 $\dim H_-^{\perp} \neq 1$，σ 是 $\tau(N)$ 的一个自同构，若线性映射 $f: \tau(N) \to \tau(N)$ 满足 $f(X)X = \sigma(X)f(X)$ $(\forall X \in \tau(N))$，则存在可逆算子 $A \in B(H)$ 和线性映射 $\theta: \tau(N) \to \mathbb{C}I$ 使得 $\sigma(X) = AXA^{-1}$ 且 f 具有以下形式之一：

（1）$f(X) = AX + \theta(X)A$；

（2）$f(X) = \theta(X)A$。

证明　设 $X, Y \in \tau(N)$，则由题设有

$$f(X+Y)(X+Y)=\sigma(X+Y)f(X+Y)$$

由此式可得

$$f(X)Y-\sigma(Y)f(X)=\sigma(X)f(Y)-f(Y)X$$

从而$\Delta(X,Y)=f(X)Y-\sigma(Y)f(X)$是$\tau(N)$的一个$\sigma$-双导子。

如果$\Delta\neq 0$，则由定理 6.1 可知，存在可逆算子$A\in B(H)$使得对任意的$X,Y\in\tau(N)$，有

$$\sigma(X)=AXA^{-1} \text{ 且 } \Delta(X,Y)=A[X,Y]$$

于是

$$\begin{aligned}[X,Y]&=A^{-1}\Delta(X,Y)\\&=A^{-1}(f(X)Y-AYA^{-1}f(X))\\&=A^{-1}f(X)Y-YA^{-1}f(X)\end{aligned}$$

从而对任意的$X,Y\in\tau(N)$，有

$$(A^{-1}f(X)-X)Y=Y(A^{-1}f(X)-X) \tag{6-21}$$

设$\theta(X)=A^{-1}f(X)-X$。由式（6-21），则$\theta(X)\in\mathbb{C}I$。因此，对任意的$X\in\tau(N)$，有

$$f(X)=AX+\theta(X)A$$

如果$\Delta=0$，则对任意的$X,Y\in\tau(N)$，有$f(X)Y=\sigma(Y)f(X)$。由引理 6.4，则存在可逆算子$A\in B(H)$使得对任意的$X\in\tau(N)$，有$\sigma(X)=AXA^{-1}$。从而

$$A^{-1}f(X)Y=YA^{-1}f(X) \tag{6-22}$$

设$\theta(X)=A^{-1}f(X)$。由式（6-22），则$\theta(X)\in\mathbb{C}I$。因此，对任意的$X\in\tau(N)$，有$f(X)=\theta(X)A$。证毕。

§6.3　套代数上的广义σ-双导子与广义σ-可交换映射[140]

首先给出几个定义。

定义 6.5　设A是一个代数，σ是A的自同构，若$\delta:A\to A$是一个线性映射

且对任意的 $X,Y\in A$，有 $\delta(XY)=\delta(X)Y+\sigma(X)\delta(Y)-X\delta(I)Y$，则称 δ 是 A 的一个广义导子。

定义 6.6 若双线性映射 $\Delta: A\times A\to A$ 对每一个变量都是广义导子，则称 Δ 是 A 的一个广义双导子。

定义 6.7 若存在 $T,S\in A$ 使得对任意的 $X\in A$，有 $\delta(X)=TX+XS$，则称 δ 是 A 的一个广义内导子。如果有 $\delta(X)=TX+\sigma(X)S$，则称 δ 是 A 的一个广义内 σ 导子。如果存在 $A,B\in B(H)$ 使得对任意的 $X,Y\in A$，双线性映射 $\Delta: A\times A\to A$ 满足 $\Delta(X,Y)=\sigma(X)AY+\sigma(Y)BX$，则称 Δ 是 A 的一个广义内 σ-双导子。

定义 6.8 如果 $f,g:A\to A$ 是线性映射且对任意的 $X\in A$，有 $f(X)X=\sigma(X)g(X)$，则称 f,g 是 A 的广义 σ-可交换线性映射。

本节主要得到以下结果。

定理 6.3 设 N 是复可分 Hilbert 空间 H 上的套且 $\dim 0_+\neq 1$ 和 $\dim H_-^{\perp}\neq 1$，σ 是 $\tau(N)$ 的一个自同构。若 ϕ 是 $\tau(N)$ 的一个广义 σ-双导子，则存在算子 $A,C\in B(H)$ 使得对任意的 $X,Y\in\tau(N)$，有

$$\phi(X,Y)=\sigma(X)AY+\sigma(Y)CX$$

为了证明定理 6.3，需要下列引理。

引理 6.5 设 R 是一个环，σ 是 R 的一个自同构。若对任意的 $x,y\in R$，线性映射 $f_1,f_2,f_3,f_4:R\to R$ 满足

$$f_1(x)y+\sigma(x)f_2(y)+f_3(y)x+\sigma(y)f_4(x)=\pi(x,y)$$

则对任意的 $x,y,r\in R$，有

$$\begin{aligned}&\sigma(x)((f_2(y)r-f_2(yr))r-\sigma(r)(f_2(y)r-f_2(yr)))\\&+\sigma(y)((f_4(x)r-f_4(xr))r-\sigma(r)(f_4(x)r-f_4(xr)))\\&=\pi(x,y)r^2-\pi(xr,y)r-\pi(x,yr)r+\pi(xr,yr)\end{aligned}$$

证明 直接带入即可验证。

推论 6.1 设 R 是一个环，σ 是 R 的一个自同构。若对任意的 $x,y\in R$，线性映射 $f_1,f_2,f_3,f_4:R\to R$ 满足：

$$f_1(x)y+\sigma(x)f_2(y)+f_3(y)x+\sigma(y)f_4(x)=0$$

则对任意的 $x,y,r\in R$，有

$$\sigma(x)((f_2(y)r - f_2(yr))r - \sigma(r)(f_2(y)r - f_2(yr)))$$
$$+\sigma(y)((f_4(x)r - f_4(xr))r - \sigma(r)(f_4(x)r - f_4(xr))) = 0$$

引理 6.6　设 N 是复可分 Hilbert 空间 H 上的套且 $\dim 0_+ \neq 1$ 或 $\dim H_-^\perp \neq 1$，σ 是 $\tau(N)$ 的一个自同构。若 Δ 是 $\tau(N)$ 的一个非零 σ-双导子，则存在可逆算子 $A \in B(H)$ 使得对任意的 $U,V \in \tau(N)$，有 $\sigma(U) = AUA^{-1}$ 且 $\Delta(U,V) = A[U,V]$。

设 A 是域 F 上的代数，σ 是 A 的自同构，A 的 σ 中心用记号 $Z_\sigma(A)$ 表示，满足：

$$Z_\sigma(A) = \{s \in A : sr = \sigma(r)s \text{ 对任意的 } r \in A\}$$

如果对任意的 $x, y \in R$ 和 $\alpha, \beta \in F$ 映射 $f : A \to R$ 满足：

$$f(\alpha x + \beta y) - \alpha f(x) - \beta f(y) \in Z_\sigma(A)$$

则称 f 是模 $Z_\sigma(A)$ 线性的。

引理 6.7　设 N 是复可分 Hilbert 空间 H 上的套且 $\dim 0_+ \neq 1$ 或 $\dim H_-^\perp \neq 1$，σ 是 $\tau(N)$ 的一个自同构，$f : \tau(N) \to \tau(N)$ 是模 Z_σ 线性的。若对任意的 $Y,U \in \tau(N)$ 有 $(f(Y)U - f(YU))U = \sigma(U)((f(Y)U - f(YU))$，则存在可逆元 $A,B \in B(H)$ 及映射 $\theta : \tau(N) \to CI$ 使得对任意的 $U \in \tau(N)$ 有 $\sigma(U) = BUB^{-1}, f(U) = AU + \theta(U)B$。

证明　对任意的 $U \in \tau(N)$，定义

$$g(U) = f(U) - f(I)U$$

则 $g(U)U = \sigma(U)g(U)$。设 $V \in \tau(N)$ 且 $\alpha, \beta \in C$。则

$$\begin{aligned} g(\alpha U + \beta V) - \alpha g(U) - \beta g(V) &= f(\alpha U + \beta V) - f(I)(\alpha U + \beta V) \\ &\quad - \alpha(f(U) - f(I)U) - \beta(f(V) - f(I)V) \\ &= f(\alpha U + \beta V) - \alpha f(U) - \beta f(V) \in Z_\sigma \end{aligned}$$

因而 g 是模 Z_σ 线性的。在式 $g(U)U = \sigma(U)g(U)$ 中用 $U+V$ 代替 U，则得到映射

$$\Delta(U,V) = g(U)V - \sigma(V)g(U)$$

是 $\tau(N)$ 的 σ-双导子。因而由引理 6.6 可知，存在可逆元 $B \in B(H)$ 使得对任意的 $U,V \in \tau(N)$，有

$$\sigma(U) = BUB^{-1} \text{ 且 } \Delta(U,V) = B[U,V]$$

从而 $g(U)V - \sigma(V)g(U) = B[U,V]$。即

$$g(U)V - B^{-}VBg(U) = BUV - BVU$$

于是

$$(Bg(U) - U)V = V(Bg(U) - U)$$

从而存在映射 $\theta : \tau(N) \to \mathbb{C}I$ 使得

$$g(U) = f(U) - f(I)U = BU + \theta(U)B$$

因此对任意的 $U \in \tau(N)$，有

$$f(U) = (B + f(I))U + \theta(U)B = AU + \theta(U)B$$

其中 $A = B + f(I) \in B(H)$ 。证毕。

引理 6.8 设 N 是复可分 Hilbert 空间 H 上的套且 $\dim 0_+ \neq 1$ 或 $\dim H_-^{\perp} \neq 1$，σ 是 $\tau(N)$ 的一个自同构。若对任意的 $X, Y \in \tau(N)$ 映射 $f_1, f_2, f_3, f_4 : \tau(N) \to \tau(N)$ 是模 Z_σ 线性的且满足 $f_1(X)Y + \sigma(X)f_2(Y) + f_3(Y)X + \sigma(Y)f_4(X) = 0$，则存在 $A, C \in B(H)$，可逆元 $B \in B(H)$ 及映射 $\xi, \zeta : \tau(N) \to \mathbb{C}I$，使得对任意的 $X \in \tau(N)$，有 $\sigma(X) = BXB^{-1}$ 且

$$f_1(X) = -\sigma(X)A + \xi(X)B,\ f_2(X) = AX - \zeta(X)B$$

$$f_3(X) = -\sigma(X)C + \zeta(X)B,\ f_4(X) = CX - \xi(X)B$$

证明 由推论 6.1 可知对任意的 $X, Y, U \in \tau(N)$，有

$$\begin{aligned} &\sigma(X)((f_2(Y)U - f_2(YU))U - \sigma(U)(f_2(Y)U - f_2(YU))) \\ &+\sigma(Y)((f_4(X)U - f_4(XU))U - \sigma(U)(f_4(X)U - f_4(XU))) = 0 \end{aligned} \tag{6-23}$$

对任意的 $U \in \tau(N)$，设

$$g_1(Y) = (f_2(Y)U - f_2(YU))U - \sigma(U)(f_2(Y)U - f_2(YU))$$

$$g_2(X) = (f_4(X)U - f_4(XU))U - \sigma(U)(f_4(X)U - f_4(XU))$$

从而由式（6-23）可得对任意的 $X, Y \in \tau(N)$，有

$$\sigma(X)g_1(Y) + \sigma(Y)g_2(X) = 0 \tag{6-24}$$

在式（6-24）中分别取 $X = I$ 或 $Y = I$，则有

$$\sigma(I)g_1(Y)+\sigma(Y)g_2(I)=0$$

或

$$\sigma(X)g_1(I)+\sigma(I)g_2(X)=0$$

因为$\sigma(I)=I$，从而对任意的$X,Y\in\tau(N)$，有

$$g_1(Y)=-\sigma(Y)g_2(I)\text{ 且 }g_2(X)=-\sigma(X)g_1(I) \tag{6-25}$$

对任意的$Z\in\tau(N)$，给式（6-24）左乘$\sigma(Z)$可得

$$\sigma(ZX)g_1(Y)+\sigma(ZY)g_2(X)=0 \tag{6-26}$$

另外，由式（6-24）可得$\sigma(ZX)g_1(Y)+\sigma(Y)g_2(ZX)=0$。从而由式（6-26）可得

$$\sigma(ZY)g_2(X)-\sigma(Y)g_2(ZX)=0$$

由此式和式（6-25）可得对任意的$X,Y,Z\in\tau(N)$，有

$$[\sigma(Y),\sigma(Z)]\sigma(X)g_1(I)=0$$

因为$\sigma(X)=BXB^{-1}$，由上面的等式可得对任意的$X,Y,Z\in\tau(N)$，有

$$B[Y,Z]XBg_1(I)=0 \tag{6-27}$$

又因为$\dim 0_+\neq 1$，则$\dim 0_+>1$或$\dim 0_+=0$。

如果$\dim 0_+>1$，设$N=0_+$，则$P(N)B(H)\subset\tau(N)$，从而由式（6-27）得

$$B[Y,Z]P(N)B(H)Bg_1(I)=0 \tag{6-28}$$

由$\dim N>1$，可知对某些$Y,Z\in\tau(N)$有$B[Y,Z]P(N)\neq 0$。由式（6-28）则有$Bg_1(I)=0$，即$g_1(I)=0$，从而对任意的$X,Y\in\tau(N)$，代入式（6-25）可得

$$g_2(X)=-\sigma(X)g_1(I)=0$$

且

$$g_1(Y)=-\sigma(Y)g_2(I)=\sigma(Y)g_1(I)=0$$

如果$\dim 0_+=0$，则$0_+=0$，从而存在$N\setminus\{\{0\},H\}$中的一列递减闭子空间$\{N_n\}$使得$P_n=P(N_n)$强收敛于 0。因为对任意的$n\in N$，有$P_nB(H)P_n^{\perp}\subset\tau(N)$，从而由

式（6-27）可知对任意的 $X,Y\in\tau(N)$，有

$$B[Y,Z]P_nB(H)P_n^{\perp}Bg_1(I)=0 \tag{6-29}$$

因为 $\dim N_n=\infty$，则对任意的 $n\in N$ 存在 $Y_n,Z_n\in\tau(N)$ 使得 $B[Y_n,Z_n]P_n\neq 0$。因此对任意的 $n\in N$，由式（6-29）可得 $P_n^{\perp}Bg_1(I)=0$。取 $n\to\infty$，可得 $Bg_1(I)=0$，从而 $g_1(I)=0$，所以由式（6-25）可知对任意的 $X,Y\in\tau(N)$，有

$$g_2(X)=0 \text{ 且 } g_1(Y)=0$$

即对任意的 $X,Y,U\in\tau(N)$，有

$$(f_2(Y)U-f_2(YU))U=\sigma(U)((f_2(Y)U-f_2(YU)) \tag{6-30}$$

$$(f_4(X)U-f_4(XU))U=\sigma(U)((f_4(X)U-f_4(XU)) \tag{6-31}$$

由引理 6.7，存在 $A,C\in B(H)$，可逆元 $B\in B(H)$ 及映射 $\xi,\zeta:\tau(N)\to\mathbb{C}I$ 使得对任意的 $X\in\tau(N)$，有

$$f_2(X)=AX-\zeta(X)B \text{ 且 } f_4(X)=CX-\xi(X)B$$

从而对任意的 $X,Y\in\tau(N)$，题设的等式可写为

$$(f_1(X)+\sigma(X)A-\xi(X)B)Y+(f_3(Y)+\sigma(Y)C-\zeta(Y)B)X=0 \tag{6-32}$$

设 $h_1(X)=f_1(X)+\sigma(X)A-\xi(X)B$ 且 $h_2(Y)=f_3(Y)+\sigma(Y)C-\zeta(Y)B$。则由式（6-32）可得

$$h_1(X)Y+h_2(Y)X=0 \tag{6-33}$$

在式（6-33）中取 $Y=I$ 或 $X=I$，则对任意的 $X,Y\in\tau(N)$，有

$$h_1(X)=-h_2(I)X \text{ 或 } h_2(Y)=-h_1(I)Y \tag{6-34}$$

对任意的 $Z\in\tau(N)$，给式（6-33）右乘 Z，则有

$$h_1(X)YZ+h_2(Y)XZ=0 \tag{6-35}$$

另外，由式（6-33）可得

$$h_1(X)YZ+h_2(YZ)X=0$$

从而由式（6-35）可得

$$h_2(Y)XZ - h_2(YZ)X = 0$$

从而由此式和式（6-35）可知对任意的 $X,Y,Z \in \tau(N)$，有

$$h_1(I)Y[X,Z] = 0 \qquad (6\text{-}36)$$

因为 $\dim H_-^{\perp} \neq 1$，则有 $\dim H_-^{\perp} > 1$ 或 $\dim H_-^{\perp} = 0$。

若 $\dim H_-^{\perp} > 1$，设 $M = H_-$，则有 $B(H)P(M)^{\perp} \subset \tau(N)$，从而由式（6-36）可知

$$h_1(I)B(H)P(M)^{\perp}[X,Z] = 0$$

因为 $\dim M^{\perp} > 1$，从而对某些 $X,Z \in \tau(N)$ 有 $P(M)^{\perp}[X,Z] \neq 0$。因此 $h_1(I) = 0$，从而由式（6-34）对任意的 $X \in \tau(N)$，有 $h_1(X) = h_2(X) = 0$。

若 $\dim H_-^{\perp} = 0$，则 $H_- = H$，从而存 $N \setminus \{\{0\}, H\}$ 在的一列递增闭子空间 $\{M_n\}$ 使得 $Q_n = P(M_n)$ 强收敛于 I。因为对任意的 $n \in \mathbb{N}$，有 $Q_n B(H) Q_n^{\perp} \subset \tau(N)$，从而由式（6-36）可知对任意的 $X,Z \in \tau(N)$，有

$$h_1(I)P_n B(H)P_n^{\perp}[X,Z] = 0 \qquad (6\text{-}37)$$

因为 $\dim N_n^{\perp} = \infty$，从而对任意的 $n \in \mathbb{N}$，存在 $X_n, Z_n \in \tau(N)$ 使得 $P_n^{\perp}[X_n, Z_n] \neq 0$。因此由式（6-37）可知对任意的 $X \in \tau(N)$，有 $h_1(X) = h_2(X) = 0$，即

$$f_1(X) = -\sigma(X)A + \xi(X)B$$

$$f_3(X) = -\sigma(X)C + \zeta(X)B$$

证毕。

下面我们给出定理 6.3 的证明。

定理 6.3 的证明　因为 ϕ 对第一变量是广义 σ-导子，从而对任意的 $Y \in \tau(N)$，存在 $f_1(Y), f_2(Y) \in \tau(N)$ 使得对任意的 $X,Y \in \tau(N)$，有

$$\phi(X,Y) = f_1(Y)X + \sigma(X)f_2(Y) \qquad (6\text{-}38)$$

因此对任意的 $U,V \in \tau(N)$ 和 $\alpha,\beta \in \mathbb{C}$，有

$$\phi(X,\alpha U + \beta V) = f_1(\alpha U + \beta V)X + \sigma(X)f_2(\alpha U + \beta V) \qquad (6\text{-}39)$$

另外，因为 ϕ 对第二变量是线性的，从而由式（6-39）可得

$$\begin{aligned}\phi(X,\alpha U+\beta V)&=\alpha\phi(X,U)+\beta\phi(X,V)\\&=\alpha(f_1(U)X+\sigma(X)f_2(U))+\beta(f_1(V)X+\sigma(X)f_2(V))\\&=(\alpha f_1(U)+\beta f_1(V))X+\sigma(X)(\alpha f_2(U)+\beta f_2(V))\end{aligned}$$

由此式和式（6-39）得

$$(f_1(\alpha U+\beta V)-\alpha f_1(U)-\beta f_1(V))X+\sigma(X)(f_2(\alpha U+\beta V)-\alpha f_2(U)-\beta f_2(V))=0$$

特别地，有

$$f_1(\alpha U+\beta V)-\alpha f_1(U)-\beta f_1(V))+(f_2(\alpha U+\beta V)-\alpha f_2(U)-\beta f_2(V))=0$$

从而对任意的 $X\in\tau(N)$，有

$$(f_1(\alpha U+\beta V)-\alpha f_1(U)-\beta f_1(V))X-\sigma(X)(f_1(\alpha U+\beta V)-\alpha f_1(U)-\beta f_1(V))=0$$

因此映射 $f_1,f_2:\tau(N)\to\tau(N)$ 是模 Z_σ 线性的。

由于 ϕ 对第二变量也是广义 σ -导子，用和上面类似的方法可证明对任意的 $X,Y\in\tau(N)$，有

$$\phi(X,Y)=f_3(X)Y+\sigma(Y)f_4(X) \tag{6-40}$$

其中 $f_3,f_4:\tau(N)\to\tau(N)$ 是模 Z_σ 线性的。因此由式（6-38）和式（6-40）可知，对任意的 $X,Y\in\tau(N)$，有

$$f_3(X)Y-\sigma(X)f_2(Y)-f_1(Y)X\sigma(Y)+f_4(X)=0$$

从而由引理 6.8 知存在 $A,C\in B(H)$，可逆元 B 及映射 $\xi,\zeta:\tau(N)\to\mathbb{C}I$ 使得对任意的 $X\in\tau(N)$，有

$$f_3(X)=\sigma(X)A+\xi(X)B,\ f_2(X)=AX+\zeta(X)B$$

$$f_1(X)=\sigma(X)C-\zeta(X)B,\ f_4(X)=CX-\xi(X)B$$

从而由式（6-40）知对任意的 $X,Y\in\tau(N)$ 有

$$\phi(X,Y)=f_3(X)Y+\sigma(Y)f_4(X)=\sigma(X)AY+\sigma(Y)BX$$

证毕。

若对任意的 $X,Y\in A$，映射 $\pi:A\times A\to A$ 满足 $\pi(X,Y)=\pi(Y,X)$，则称它是对称的。如果满足 $\pi(X,Y)=-\pi(Y,X)$，则称它是反对称的。

推论 6.2　设 N 是复可分 Hilbert 空间 H 上的套且 $\dim 0_+ \neq 1$ 和 $\dim H_-^\perp \neq 1$，σ 是 $\tau(N)$ 的一个自同构。若 $\Delta:\tau(N)\times\tau(N)\to\tau(N)$ 是一个广义 σ-双导子，则：

（1）如果 ϕ 是对称的，则存在 $A\in B(H)$ 使得对任意的 $X,Y\in\tau(N)$ 有 $\phi(X,Y)=\sigma(X)AY+\sigma(Y)AX$；

（2）若 ϕ 是反对称的，则存在 $A\in B(H)$ 任意的 $X,Y\in\tau(N)$ 有 $\phi(X,Y)=\sigma(X)AY-\sigma(Y)AX$。

证明　由定理 6.3 可知存在 $A,B\in B(H)$ 使得对任意的 $X,Y\in\tau(N)$，有

$$\phi(X,Y)=\sigma(X)AY+\sigma(Y)BX$$

因为 ϕ 是对称的，则有

$$\sigma(X)AY+\sigma(Y)BX=\sigma(Y)AX+\sigma(X)BY$$

即对任意的 $X,Y\in\tau(N)$，有 $\sigma(X)(A-B)Y=\sigma(Y)(A-B)X$。特别地，对任意的 $X\in\tau(N)$ 有

$$\sigma(X)(A-B)=(A-B)X$$

从而存在可逆元 $B\in B(H)$ 及 $\lambda\in\mathbb{C}$ 使得 $A-B=\lambda B$，从而对任意的 $X,Y\in\tau(N)$，有 $\lambda B[X,Y]=0$。由此得到 $\lambda=0$，从而 $A=B$。因此对任意的 $X,Y\in\tau(N)$，有

$$\phi(X,Y)=\sigma(X)AY+\sigma(Y)AX$$

用类似的方法能证明（2）也成立。证毕。

下面将讨论套代数上的广义 σ-可交换线性映射。作为定理 6.3 的应用，有以下结果。

定理 6.4　设 N 是复可分 Hilbert 空间 H 上的套且 $\dim 0_+ \neq 1$ 和 $\dim H_-^\perp \neq 1$，σ 是 $\tau(N)$ 的一个自同构，若线性映射 $f,g:\tau(N)\to\tau(N)$ 满足 $f(X)X=\sigma(X)g(X)$ $(\forall X\in\tau(N))$，则存在 $A\in B(H)$，可逆算子 $B\in B(H)$ 和线性映射 $\xi:\tau(N)\to\mathbb{C}I$ 使得对任意的 $X\in\tau(N)$，有

$$f(X)=\sigma(X)A+B\xi(X),\ g(X)=AX+B\xi(X)$$

证明　设 $X,Y\in\tau(N)$，则由题设有

$$f(X+Y)(X+Y)=\sigma(X+Y)g(X+Y)$$

由此式可得

$$f(X)Y - \sigma(Y)g(X) = \sigma(X)g(Y) - f(Y)X$$

从而 $\Delta(X,Y) = \sigma(X)g(Y) - f(Y)X$ 是 $\tau(N)$ 的一个反对称的广义 σ-双导子。由推论 6.2 可知，存在可逆元 $A \in B(H)$ 使得对任意的 $X,Y \in \tau(N)$，有

$$\sigma(X)g(Y) - f(Y)X = \sigma(X)AY - \sigma(Y)AX$$

即，$\sigma(X)(g(Y) - Ay) + (\sigma(Y)A - f(Y))X = 0$。从而有

$$XB^{-1}(g(Y) - Ay) + B^{-1}(\sigma(Y)A - f(Y))X = 0 \tag{6-41}$$

在式（6-41）中令 $X = I$，则对任意的 $Y \in \tau(N)$，有

$$B^{-1}(g(Y) - Ay) = B^{-1}(f(Y) - \sigma(Y)A)$$

代入式（6-41）可知，

$$B^{-1}(g(Y) - Ay) = B^{-1}(f(Y) - \sigma(Y)A) \in \mathbb{C}I$$

从而有线性映射 $\xi : \tau(N) \to \mathbb{C}I$ 使得对任意的 $X \in \tau(N)$ 有

$$f(X) = \sigma(X)A + B\xi(X),\ g(X) = AX + B\xi(X)$$

证毕。

§6.4　套代数上的(α,β)双导子[141]

定义 6.9　设 A 是一个代数，α,β 是 A 的自同构，$\delta : A \to A$ 是一个线性映射，若对任意的 $X,Y \in A$ 有 $\delta(XY) = \delta(X)\beta(Y) + \alpha(X)\delta(Y)$，则称 δ 是 A 的一个 (α,β)-导子。

定义 6.10　若双线性映射 $\Delta : A \times A \to A$ 对每一个变量都是 (α,β)-导子，则称 Δ 是 A 的一个 (α,β)-双导子($[X,Y] = XY - YX$ 表示 Lie 积或换位子)。

本节引入 (α,β)-双导子的概念，并研究套代数上的 (α,β)-双导子。在 0_+ 的维数 $\dim 0_+ \neq 1$ 或 $H_-^{\perp}$ 的维数 $\dim H_-^{\perp} \neq 1$ 的条件下，给出了套代数上的每一个 (α,β)-双导子的具体表达形式。

引理 6.9　设 R 是一个环，α,β 是 R 的自同构。若 Δ 是 R 的 (α,β)-双导子，则

对任意的$X,Y,K,U,V\in R$，有$\Delta(X,Y)\beta(K)[\beta(U),\beta(V)]=[\alpha(X),\alpha(Y)]\alpha(K)\Delta(U,V)$。

证明　因为Δ对于第一变量是(α,β)-导子，从而

$$\Delta(XU,YV)=\Delta(X,YV)\beta(U)+\alpha(X)\Delta(U,YV)$$

因为Δ对于第二变量也是(α,β)-导子，从而

$$\begin{aligned}\Delta(XU,YV)=&\Delta(X,Y)\beta(V)\beta(U)+\alpha(Y)\Delta(X,V)\beta(U)\\&+\alpha(X)\Delta(U,Y)\beta(V)+\alpha(X)\alpha(Y)\Delta(U,V)\end{aligned}$$

另外，

$$\begin{aligned}\Delta(XU,YV)&=\Delta(XU,Y)\beta(V)+\alpha(Y)\Delta(XU,V)\\&=\Delta(X,Y)\beta(U)\beta(V)+\alpha(X)\Delta(U,Y)\beta(V)\\&\quad+\alpha(Y)\Delta(X,V)\beta(U)+\alpha(Y)\alpha(X)\Delta(U,V)\end{aligned}$$

比较两式可得

$$\begin{aligned}&\Delta(X,Y)\beta(U)\beta(V)-\Delta(X,Y)\beta(V)\beta(U)\\&=\alpha(X)\alpha(Y)\Delta(U,V)-\alpha(Y)\alpha(X)\Delta(U,V)\end{aligned}$$

即

$$\Delta(X,Y)[\beta(U),\beta(V)]=[\alpha(X),\alpha(Y)]\Delta(U,V)\tag{6-42}$$

因为

$$\begin{aligned}[\beta(KU),\beta(V)]&=\beta(K)\beta(U)\beta(V)-\beta(V)\beta(K)\beta(U)\\&=[\beta(K),\beta(V)]\beta(U)+\beta(K)[\beta(U),\beta(V)]\end{aligned}$$

$$\Delta(KU,V)=\Delta(K,V)\beta(U)+\alpha(K)\Delta(U,V)$$

在式（6-42）中用KU替换U，并用以上两式结果可得

$$\Delta(X,Y)[\beta(KU),\beta(V)]=[\alpha(X),\alpha(Y)]\Delta(KU,V)$$

即

$$\begin{aligned}&\Delta(X,Y)[\beta(K),\beta(V)]\beta(U)+\Delta(X,Y)\beta(K)[\beta(U),\beta(V)]\\&=[\alpha(X),\alpha(Y)]\Delta(K,V)\beta(U)+[\alpha(X),\alpha(Y)]\alpha(K)\Delta(U,V)\end{aligned}$$

又由式（6-42）可得

$$\Delta(X,Y)\beta(K)[\beta(U),\beta(V)]=[\alpha(X),\alpha(Y)]\alpha(K)\Delta(U,V)$$

证毕。

引理 6.10[13]　设 Ω 是任一集合，R 是一个素环，C 是 R 的扩展中心。如果对任意的 $s,t\in\Omega, X\in R$，映射 $f,h:\Omega\to R$（$f\neq 0$）满足 $f(s)Xh(t)=h(s)Xf(t)$，则存在 $\lambda\in C$ 使得对任意的 $s\in\Omega$，有 $h(s)=\lambda f(s)$。

引理 6.11[13]　设 R 是一个素环，C 是 R 的扩展中心。若对任意的 $X\in R$，非零元 $A_i,B_i\in R$ 满足 $\sum_{i=1}^m A_iXB_i=0$，则 $A_1,A_2,\cdots,A_m$ 在 C 上线性无关，同时，$B_1,B_2,\cdots,B_m$ 在 C 上也线性无关。

引理 6.12[12]　设 N 是复可分 Hilbert 空间 H 上的套，σ 是 $\tau(N)$ 的一个自同构。则存在可逆算子 $S\in B(H)$ 使得对任意的 $X\in\tau(N)$，有 $\sigma(X)=SXS^{-1}$。

定理 6.5　设 N 是复可分 Hilbert 空间 H 上的套且 $\dim 0_+\neq 1$ 或 $\dim H_-^\perp\neq 1$，α,β 是 $\tau(N)$ 的自同构。若 Δ 是 $\tau(N)$ 的一个非零 (α,β)-双导子，则存在可逆算子 $A,T\in B(H)$ 使得对任意的 $U,V\in\tau(N)$，有 $\alpha(U)=AUA^{-1}$ 且 $\Delta(U,V)=A[U,V]T^{-1}$。

证明　由引理 6.9 知，对任意的 $X,Y,K,U,V\in\tau(N)$，有

$$\Delta(X,Y)\beta(K)[\beta(U),\beta(V)]=[\alpha(X),\alpha(Y)]\alpha(K)\Delta(U,V)$$

由引理 6.12，则存在可逆算子 $S,T\in B(H)$ 使得 $\alpha(K)=SKS^{-1}$，$\beta(K)=TKT^{-1}$，从而对任意的 $X,Y,K,U,V\in\tau(N)$，有

$$\Delta(X,Y)TK[U,V]T^{-1}=S[X,Y]KS^{-1}\Delta(U,V)$$

给以上等式两边左乘 S^{-1} 右乘 T 得

$$S^{-1}\Delta(X,Y)TK[U,V]=[X,Y]KS^{-1}\Delta(U,V)T \tag{6-43}$$

以下分 4 种情形来讨论。

情形 1　如果 $\dim 0_+>1$，设 $N=0_+$，则 $P(N)B(H)\subset\tau(N)$。由式（6-43），从而对任意的 $X,Y,U,V\in\tau(N)$ 及 $Z\in B(H)$，有

$$S^{-1}\Delta(X,Y)TP(N)Z[U,V]=[X,Y]P(N)ZS^{-1}\Delta(U,V)T \tag{6-44}$$

对式（6-44）两边右乘 $P(N)$ 可得

$$S^{-1}\Delta(X,Y)TP(N)Z[U,V]P(N)=[X,Y]P(N)ZS^{-1}\Delta(U,V)TP(N) \tag{6-45}$$

定义映射 $f,h:\tau(N)\times\tau(N)\to B(H)$ 分别为

$$f(X,Y)=[X,Y]P(N)\ ,\ h(X,Y)=S^{-1}\Delta(X,Y)TP(N)$$

由式（6-45），则对任意的 $X,Y,U,V\in\tau(N)$ 及 $Z\in B(H)$，有

$$h(X,Y)Zf(U,V)=f(X,Y)Zh(U,V) \tag{6-46}$$

由 $\dim N>1$ 可知，存在 $X_0,Y_0\in\tau(N)$ 使得 $[X_0,Y_0]P(N)\neq 0$，从而 $f\neq 0$。于是由式（6-46）和引理 6.10，存在 $\lambda\in\mathbb{C}$ 使得对任意的 $X,Y\in\tau(N)$，有 $h(X,Y)=\lambda f(X,Y)$，即

$$S^{-1}\Delta(X,Y)TP(N)=\lambda[X,Y]P(N)$$

将此式代入式（6-44），则对任意的 $X,Y,U,V\in\tau(N)$，有

$$[X,Y]P(N)B(H)(\lambda[U,V]-S^{-1}\Delta(U,V)T)=0 \tag{6-47}$$

在式(6-47)中，取 $X=X_0$ 且 $Y=Y_0$，则由 $[X_0,Y_0]P(N)\neq 0$ 可知 $\Delta(U,V)=\lambda S[U,V]T^{-1}$。令 $A=\lambda S$，由 $\Delta\neq 0$ 可知 $\lambda\neq 0$，从而 A 可逆。因此，对任意的 $U,V\in\tau(N)$，有

$$\alpha(U)=AUA^{-1}\ \text{且}\ \Delta(U,V)=A[U,V]T^{-1}$$

情形 2　如果 $\dim 0_+=0$，则 $0_+=0$。从而存在 $N\setminus\{0,H\}$ 中的一列递减闭子空间 $\{N_n\}$ 使得 $P_n=P(N_n)$ 强收敛于 0。显然，当 $n>2$ 时，有 $P_nB(H)P_n^{\perp}\subset\tau(N)$。从而由式（6-43），对任意的 $X,Y,U,V\in\tau(N)$ 及 $Z\in B(H)$，有

$$S^{-1}\Delta(X,Y)TP_nZP_n^{\perp}[U,V]=[X,Y]P_nZP_n^{\perp}S^{-1}\Delta(U,V)T \tag{6-48}$$

如果存在 $n_0>2$ 使得对任意的 $X,Y\in\tau(N)$ 有 $S^{-1}\Delta(X,Y)TP_{n_0}=0$，由 $\{N_n\}$ 的递减性可知，对任意 $n>n_0$ 有 $P_n<P_{n_0}$。则 $S^{-1}\Delta(X,Y)TP_n=0$。从而由式（6-48），对任意的 $X,Y,U,V\in\tau(N)$，有

$$[X,Y]P_nB(H)P_n^{\perp}S^{-1}\Delta(U,V)T=0 \tag{6-49}$$

由于 $\dim N_n=\infty$，则对任意 $n>n_0$ 存在 $X,Y\in\tau(N)$ 使得 $[X,Y]P_n\neq 0$。从而由式(6-49)，对任意的 $U,V\in\tau(N)$ 及 $n>n_0$，有 $P_n^{\perp}S^{-1}\Delta(U,V)T=0$。让 $n\to\infty$，则对任意的 $U,V\in\tau(N)$，有

$$S^{-1}\Delta(U,V)T=0$$

这与$\Delta \neq 0$矛盾。因此，对任意的$n>2$相应地存在$X_n, Y_n \in \tau(N)$使得

$$S^{-1}\Delta(X_n, Y_n)TP_n \neq 0 \tag{6-50}$$

如果对任意的$n>2$及上述的X_n, Y_n有$[X_n, Y_n]P_n = 0$，则由式（6-48）可得

$$S^{-1}\Delta(X_n, Y_n)TP_nB(H)P_n^{\perp}[U,V]=0$$

从而由式（6-50），对任意的$U,V\in\tau(N)$有$P_n^{\perp}[U,V]=0$，这与 $\dim N_n^{\perp}>2$矛盾。因此

$$[X_n, Y_n]P_n \neq 0 \tag{6-51}$$

类似地，我们可以得到对任意的$n>2$相应地存在$U_n, V_n \in \tau(N)$使得

$$P_n^{\perp}[U_n, V_n] \neq 0 \text{ 且 } P_n^{\perp}S^{-1}\Delta(U_n, V_n)T \neq 0 \tag{6-52}$$

对固定的$n_0>2$，我们记

$$A_0 = S^{-1}\Delta(X_{n_0}, Y_{n_0})TP_{n_0}, \ B_0 = [X_{n_0}, Y_{n_0}]P_{n_0}$$

$$C_0 = P_{n_0}^{\perp}S^{-1}\Delta(U_{n_0}, V_{n_0})T, \ D_0 = P_{n_0}^{\perp}[U_{n_0}, V_{n_0}]$$

则由式（6-50）～式（6-52），A_0, B_0, C_0, D_0均不为零。在式（6-48）中，取$n=n_0$，$X=X_{n_0}, Y=Y_{n_0}, U=U_{n_0}$且$V=V_{n_0}$，从而对任意的$Z\in B(H)$，有$A_0ZD_0=B_0ZC_0$。因此由引理 6.11 可知，存在非零常数$\lambda\in\mathbb{C}$使得

$$A_0 = \lambda B_0 \text{ 且 } C_0 = \lambda D_0 \tag{6-53}$$

在式（6-48）中，取$n=n_0$，$U=U_{n_0}$且$V=V_{n_0}$，则对任意的$X,Y\in\tau(N)$及$Z\in B(H)$，有

$$S^{-1}\Delta(X,Y)TP_{n_0}ZD_0 = [X,Y]P_{n_0}ZC_0$$

于是由式（6-53），对任意的$X,Y\in\tau(N)$，有

$$(S^{-1}\Delta(X,Y)TP_{n_0} - \lambda[X,Y]P_{n_0})B(H)D_0 = 0 \tag{6-54}$$

由$D_0\neq 0$和式（6-53）可知，$S^{-1}\Delta(X,Y)TP_{n_0} = \lambda[X,Y]P_{n_0}$。从而对任意的$X,Y\in\tau(N)$及$n>n_0$，有

$$S^{-1}\Delta(X,Y)TP_n = \lambda[X,Y]P_n$$

将此式代入式（6-48）中并取 $X = X_n$ 且 $Y = Y_n$，则对任意的 $Z \in B(H)$，有

$$[X_n, Y_n]P_n Z(P_n^{\perp} S^{-1}\Delta(U,V)T - \lambda P_n^{\perp}[U,V]) = 0$$

由于 $[X_n, Y_n]P_n \neq 0$ ($n > 2$)，则由上式，对任意的 $U,V \in \tau(N)$ 及 $n > n_0$，有

$$P_n^{\perp} S^{-1}\Delta(U,V)T = \lambda P_n^{\perp}[U,V]$$

让 $n \to \infty$，则对任意的 $U,V \in \tau(N)$，有

$$\Delta(U,V) = A[U,V]T^{-1} \text{ 且 } \alpha(U) = AUA^{-1}$$

这里 $A = \lambda S$。

情形 3　如果 $\dim H_{-}^{\perp} > 1$，设 $M = H_{-}$，则 $B(H)P(M)^{\perp} \subset \tau(N)$。从而由式(6-43)，对任意的 $X,Y,U,V \in \tau(N)$ 及 $Z \in B(H)$，有

$$S^{-1}\Delta(U,V)TZP(M)^{\perp}[X,Y] = [U,V]ZP(M)^{\perp} S^{-1}\Delta(X,Y)T \tag{6-55}$$

对式（6-55）两边左乘 $P(M)^{\perp}$ 可得

$$P(M)^{\perp} S^{-1}\Delta(U,V)TZP(M)^{\perp}[X,Y] = P(M)^{\perp}[U,V]ZP(M)^{\perp} S^{-1}\Delta(X,Y)T \tag{6-56}$$

定义映射 $g,k:\tau(N)\times\tau(N) \to B(H)$ 分别为

$$g(X,Y) = P(M)^{\perp}[X,Y] \text{ 且 } k(X,Y) = P(M)^{\perp} S^{-1}\Delta(X,Y)T$$

由式（6-56），从而对任意的 $X,Y,U,V \in \tau(N)$ 及 $Z \in B(H)$，有

$$k(U,V)Zg(X,Y) = g(U,V)Zk(X,Y) \tag{6-57}$$

由 $\dim M^{\perp} > 1$ 可知，存在 $X_0, Y_0 \in \tau(N)$ 使得 $P(M)^{\perp}[X_0, Y_0] \neq 0$，从而 $g \neq 0$。于是由式（6-57）和引理 6.10，存在 $\lambda \in \mathbb{C}$ 使得对任意的 $X,Y \in \tau(N)$，有 $k(X,Y) = \lambda g(X,Y)$，即

$$P(M)^{\perp} S^{-1}\Delta(X,Y)T = \lambda P(M)^{\perp}[X,Y]$$

将此式带入式（6-55），则对任意的 $X,Y,U,V \in \tau(N)$，有

$$(S^{-1}\Delta(U,V)T - \lambda[U,V])B(H)P(M)^{\perp}[X,Y] = 0 \tag{6-58}$$

在式（6-58）中，取 $X=X_0$ 和 $Y=Y_0$，则由 $P(M)^{\perp}[X_0,Y_0]\neq 0$ 可知，$\Delta(U,V)=\lambda S[U,V]T^{-1}$。令 $A=\lambda S$，由 $\Delta\neq 0$ 可知 $\lambda\neq 0$，从而 A 可逆。因此，对任意的 $U,V\in\tau(N)$，有

$$\alpha(U)=AUA^{-1} \text{ 且 } \Delta(U,V)=A[U,V]T^{-1}$$

情形 4 如果 $\dim H_-^{\perp}=0$，则 $H_-=H$，从而存在 $N\setminus\{0,H\}$ 的一列递增闭子空间 $\{M_n\}$ 使得 $Q_n=P(M_n)$ 强收敛于 I。显然当 $n>2$ 时有 $Q_nB(H)Q_n^{\perp}\subset\tau(N)$，从而由式（6-43），对任意的 $X,Y,U,V\in\tau(N)$ 及 $Z\in B(H)$，有

$$S^{-1}\Delta(U,V)TQ_nZQ_n^{\perp}[X,Y]=[U,V]Q_nZQ_n^{\perp}S^{-1}\Delta(X,Y)T \tag{6-59}$$

类似于情形 2 的证明可得：对任意的 $n>2$，相应地存在 $X_n,Y_n,U_n,V_n\in\tau(N)$ 使得

$$Q_n^{\perp}S^{-1}\Delta(X_n,Y_n)T\neq 0,\ Q_n^{\perp}[X_n,Y_n]\neq 0 \tag{6-60}$$

且

$$S^{-1}\Delta(U_n,V_n)TQ_n\neq 0,\ [U_n,V_n]Q_n\neq 0 \tag{6-61}$$

对固定的 $n_0>2$，我们记

$$A_0=S^{-1}\Delta(U_{n_0},V_{n_0})TQ_{n_0},\ \ B_0=[U_{n_0},V_{n_0}]Q_{n_0}$$

$$C_0=Q_{n_0}^{\perp}S^{-1}\Delta(X_{n_0},Y_{n_0})T,\ \ D_0=Q_{n_0}^{\perp}[X_{n_0},Y_{n_0}]$$

由式（6-60）和式（6-61），则 A_0,B_0,C_0,D_0 均不为零。在式（6-59）中取 $n=n_0$，$X=X_{n_0},Y=Y_{n_0},U=U_{n_0}$ 且 $V=V_{n_0}$，从而对任意的 $Z\in B(H)$，有 $A_0ZD_0=B_0ZC_0$。因此由引理 6.11 可知，存在非零常数 $\lambda\in\mathbb{C}$ 使得

$$A_0=\lambda B_0 \text{ 且 } C_0=\lambda D_0$$

在式（6-59）中取 $n=n_0$，$U=U_{n_0}$ 且 $V=V_{n_0}$，则对任意的 $X,Y\in\tau(N)$ 及 $Z\in B(H)$，有

$$A_0ZQ_{n_0}^{\perp}[X,Y]=B_0ZQ_{n_0}^{\perp}S^{-1}\Delta(X,Y)T$$

从而对任意的 $X,Y\in\tau(N)$ 及 $Z\in B(H)$，有

$$B_0Z(Q_{n_0}^{\perp}S^{-1}\Delta(X,Y)T-\lambda Q_{n_0}^{\perp}[X,Y])=0 \tag{6-62}$$

因为$B_0 \neq 0$，由式（6-62）可得$\lambda Q_{n_0}^{\perp}[X,Y]=Q_{n_0}^{\perp}S^{-1}\Delta(X,Y)T$。再由$\{M_n\}$的递增性，于是对任意的$X,Y\in\tau(N)$及$n>n_0$，有

$$\lambda Q_n^{\perp}[X,Y]=Q_n^{\perp}S^{-1}\Delta(X,Y)T$$

将上式代入式（6-59）中并取$X=X_n$且$Y=Y_n$，则对任意的$Z\in B(H)$，有

$$(S^{-1}\Delta(U,V)TQ_n-\lambda[U,V]Q_n)ZQ_n^{\perp}[X_n,Y_n]=0$$

由于$Q_n^{\perp}[X_n,Y_n]\neq 0\ (n>2)$，则对任意的$U,V\in\tau(N)$和$n>n_0$，有

$$S^{-1}\Delta(U,V)TQ_n=\lambda[U,V]Q_n$$

让$n\to\infty$，从而对任意的$U,V\in\tau(N)$，有

$$\alpha(U)=AUA^{-1}\ \text{且}\ \Delta(U,V)=A[U,V]T^{-1}$$

这里$A=\lambda S$。证毕。

§6.5　注　　记

线性可交换映射的研究与双导子的研究有密切关系。线性可交换映射的研究始于 Posner 的工作，并证明了素环上存在非零可交换导子的充要条件是该素环可交换[74]。Brešar 证明了素环上的可交换可加映射具有形式$f(X)=\lambda X+\mu(X)$ [54]。最近，文献[142]给出了套代数上的每一个双导子是内双导子的充分必要条件。有关双导子和线性可交换映射的其他工作可见文献[143-148]。显然，*id*-双导子与 *id*-可交换映射分别是双导子和可交换映射（*id* 为恒等映射）。

我们知道σ-可交换线性映射与σ-双导子有着密切的关系，即线性化$f(X)X=\sigma(X)X$可得映射$(X,Y)\to f(X)Y-\sigma(Y)f(X)$是一个$\sigma$-双导子。Brešar 证明了素环$R$上的每一个$\sigma$-双导子$\Delta$具有形式$\Delta(X,Y)=A[X,Y]$，这里$A$是$R$的对称 Martindale 商环中的可逆元。同时也给出了素环上σ-可交换可加映射的具体表达式[13]。

我们知道广义σ-可交换线性映射与广义σ-双导子有着密切的关系，即线性化$f(X)X=\sigma(X)g(X)$，可得映射$(X,Y)\to f(X)Y-\sigma(Y)g(X)$是一个广义$\sigma$-双导子。Brešar 证明了素环$R$上的每一个广义双导子$\Delta$具有形式$\Delta(X,Y)=XAY+YBX$，这里$A,B$是$R$的对称 Martindale 商环中的元素，同时也给出了素环上广义可交换可加映射的具体表达式[54]。

第 7 章　CSL 代数上的局部Lie导子

§7.1　引　　言

算子代数上的局部映射一直都是许多学者关注的焦点。本章第 2 节将主要讨论一类可交换子空间格（简称为 CSL）代数上的局部 Lie 导子。

以下给出本章所需的定义和记号。

定义 7.1　设 $\mathbf{A}$ 是负数域 $\mathbb{C}$ 上的结合代数，M 是 $\mathbf{A}$ 的双边模，$\varphi: \mathbf{A} \to M$ 是一个线性映射，若对任意的 $A, B \in \mathbf{A}$，有

$$\varphi([A,B]) = [\varphi(A), B] + [A, \varphi(B)]$$

（其中 $[A,B] = AB - BA$），则称 φ 是一个 Lie 导子。若对任意的 $A \in \mathbf{A}$，存在与 A 有关的 Lie 导子 φ_A，使得 $\varphi(A) = \varphi_A(A)$，则称 φ 是一个局部 Lie 导子。

定义 7.2[91]　设 H 是复的可分 Hilbert 空间，$B(H)$ 表示 H 上的所有有界线性算子，H 上的一个子空间格 L 是 $B(H)$ 的一族正交投影，在强算子拓扑下是闭的且包含 0 和 I。记 Alg$L$=$\{A \in B(H): PAP = AP, P \in L\}$。若 L 的每一对投影是可交换的，则称 L 是可交换的子空间格或 CSL；Alg$L$ 被称为一个 CSL 代数。

定义 7.3[92]　设 L 是一个套且 $P \in L$，则 $P_+ = \inf\{Q \in L : Q > P\}$ 且 $P_- = \sup\{Q \in L : Q < P\}$。若 $P, Q \in L$ 且 $Q < P$，则称投影 $E = P - Q$ 是一个区间。

定义 7.4[92]　设 $L_1, L_2, \cdots, L_n$ 是一族套，若 E_i 是 L_i 的一个区间且乘积 $\prod_{i=1}^n E_i \neq 0$，则称 $L_1, L_2, \cdots, L_n$ 是不相关的。如果 L 是由有限多个可交换的不相关套生成的，则称 L 为一个不相关的有限宽度 CSL。显然，套与套的张量积均为不相关的有限宽度的 CSL。

由文献[92]的引理 1.1 可知，CSL 代数 Alg$L$ 的一次换位是由 Alg$L$ 在 L 中的可

约化投影生成的 von Neumann 代数。如果 L 是一个不相关的有限宽度的 CSL，则 Alg$L$ 的一次换位是 $\mathbb{C}I$ 。

§7.2　CSL代数上的局部Lie导子

在这一节，主要证明以下结果。

定理 7.1　设 L 是复可分 Hilbert 空间 H 上的不相关的有限宽度的 CSL 且 $\dim H \geqslant 2$ ，M 是任意一个 σ -弱闭的代数且包含 Alg$L$ 。若 $\varphi : \mathrm{Alg}L \to M$ 是一个局部 Lie 导子，则 φ 是一个 Lie 导子。

为了证明定理 7.1，需要一些引理。以下总假设 L 是由一族不相关套 $L_1, L_2, \cdots, L_n$ 生成的 CSL。

引理 7.1[149]　设 L 是复可分 Hilbert 空间 H 上的不相关的有限宽度的 CSL，M 是任意一个 σ -弱闭的代数且包含 Alg$L$ 。$\varphi : \mathrm{Alg}L \to M$ 是一个 Lie 导子，则 $\varphi = d + \eta$ ，其中 d 是一个导子，η 是从 Alg$L$ 到 $\mathbb{C}$ 的线性映射，使得对任意的 $A, B \in \mathrm{Alg}L$ ，都有 $\eta([A,B]) = 0$ 。

引理7.2　对任意的幂等元 $E, F \in A\lg L$ 及 $X \in \mathrm{Alg}L$ ，存在 $\lambda_1, \lambda_2, \lambda_3, \lambda_4 \in \mathbb{C}$ ，使得

$$\begin{aligned}\varphi(EXF) = \varphi(EX)F + E\varphi(XF) - E\varphi(X)F \\ + \lambda_1 E^{\perp}F^{\perp} - \lambda_2 EF^{\perp} + \lambda_3 EF - \lambda_4 E^{\perp}F\end{aligned}$$

其中 $E^{\perp} = I - E$，$F^{\perp} = I - F$ 。

证明　由引理 7.1 可知对任意的幂等元 $E, F \in A\lg L$ 及 $X \in \mathrm{Alg}L$ ，在导子 $d_1, d_2, d_3, d_4 : \mathrm{Alg}L \to M$ 和线性映射 $\eta_1, \eta_2, \eta_3, \eta_4 : \mathrm{Alg}L \to \mathbb{C}I$ ，使得

$$\varphi(EXF) = \varphi_{EXF}(EXF) = d_1(EXF) + \eta_1(EXF) \tag{7-1}$$

$$\varphi(E^{\perp}XF) = \varphi_{E^{\perp}XF}(E^{\perp}XF) = d_2(E^{\perp}XF) + \eta_2(E^{\perp}XF) \tag{7-2}$$

$$\varphi(E^{\perp}XF^{\perp}) = \varphi_{E^{\perp}XF^{\perp}}(E^{\perp}XF^{\perp}) = d_3(E^{\perp}XF^{\perp}) + \eta_3(E^{\perp}XF^{\perp}) \tag{7-3}$$

$$\varphi(EXF^{\perp}) = \varphi_{EXF^{\perp}}(EXF^{\perp}) = d_4(EXF^{\perp}) + \eta_4(EXF^{\perp}) \tag{7-4}$$

设

$$\begin{aligned}\lambda_1 I = \eta_1(EXF),\ \ \lambda_2 I = \eta_2(EXF) \\ \lambda_3 I = \eta_3(EXF),\ \ \lambda_4 I = \eta_4(EXF)\end{aligned}$$

则由式（7.1）～（7.4）可得

$$E^{\perp}\varphi(EXF)F^{\perp}=\lambda_1 E^{\perp}F^{\perp}$$

$$E\varphi(E^{\perp}XF)F^{\perp}=\lambda_2 EF^{\perp}$$

$$E\varphi(E^{\perp}XF^{\perp})F=\lambda_3 EF$$

$$E^{\perp}\varphi(EXF^{\perp})F=\lambda_3 E^{\perp}F$$

因此

$$\begin{aligned}\varphi(EXF)F^{\perp}&=E\varphi(EXF)F^{\perp}+E^{\perp}\varphi(EXF)F^{\perp}\\&=E\varphi(XF)F^{\perp}-E\varphi(E^{\perp}XF)F^{\perp}+E^{\perp}\varphi(EXF)F^{\perp}\\&=E\varphi(XF)F^{\perp}+\lambda_1 E^{\perp}F^{\perp}-\lambda_2 EF^{\perp}\\&=E\varphi(XF)-E\varphi(XF)F+\lambda_1 E^{\perp}F^{\perp}-\lambda_2 EF^{\perp}\end{aligned}$$

$$\begin{aligned}\varphi(EXF^{\perp})F&=E\varphi(EXF^{\perp})F^{\perp}+E^{\perp}\varphi(EXF)F\\&=E\varphi(XF^{\perp})F-E\varphi(E^{\perp}XF^{\perp})F+E^{\perp}\varphi(EXF^{\perp})F\\&=E\varphi(XF^{\perp})F+\lambda_3 EF-\lambda_4 E^{\perp}F\end{aligned}$$

故

$$\begin{aligned}\varphi(EXF)&=\varphi(EXF)F^{\perp}+\varphi(EXF)F\\&=\varphi(EXF)F^{\perp}+\varphi(EX)F-\varphi(EXF^{\perp})F\\&=\varphi(EX)F+E\varphi(XF)-E\varphi(X)F\\&\quad+\lambda_1 E^{\perp}F^{\perp}-\lambda_2 EF^{\perp}+\lambda_3 EF-\lambda_4 E^{\perp}F\end{aligned}$$

证毕。

为了方便，以下设 $P_1\in L$ 是一个非平凡的投影，$P_2=I-P_1$。记 $\mathbf{A}_{11}=P_1(\mathrm{Alg}L)P_1$，$\mathbf{A}_{12}=P_1(\mathrm{Alg}L)P_2$ 且 $\mathbf{A}_{22}=P_2(\mathrm{Alg}L)P_2$，则 $\mathrm{Alg}L=\mathbf{A}_{11}+\mathbf{A}_{12}+\mathbf{A}_{22}$。

引理 7.3[149]　$\mathbf{A}_{11}$ 在 $B(P_1H)$ 中的换位子是 $\mathbb{C}P$； $\mathbf{A}_{22}$ 在 $B(P_2H)$ 中的换位子是 $\mathbb{C}P^{\perp}$。

证明　设 $L_P=\{QP:Q\in L\}$，则 L_P 是 $B(PH)$ 中的一个 CSL 且 $\mathbf{A}_{11}=\mathrm{Alg}L_P$。设 E 是 $\mathbf{A}_{11}$ 在 L_P 里的可约化投影，则存在 $Q_1\in L$ 使得 $E=Q_1P$ 且 $E\mathbf{A}_{11}(P-E)=\{0\}$。从而 $Q_1P(\mathrm{Alg}L)Q_1^{\perp}P=\{0\}$

由文献[149]的引理 2.3 可知，存在 $Q_2\in L$ 使得

$$Q_1PQ_2 = 0 \text{ 和 } Q_2^{\perp}Q_1^{\perp}P = 0$$

如果 $E = Q_1P \neq 0$，由 $Q_1P \in L$ 和文献[149]的引理 2.1(a)可得 $Q_2 = 0$，则 $Q^{\perp}P = 0$，即

$$E = Q_1P = P$$

这证明了 E 是 L_P 的平凡投影。由文献[91]的引理 1.1 可知，$\mathbf{A}_{11}$ 的换位子是 $\mathbb{C}P$。

设 $L_{P^{\perp}} = \{QP^{\perp} : Q \in L\}$，则 $L_{P^{\perp}}$ 是 $B(P^{\perp}H)$ 中的 CSL 且 $\mathbf{A}_{22} = \mathrm{Alg}L_{P^{\perp}}$。设 E 是 $\mathbf{A}_{22}$ 在 $L_{P^{\perp}}$ 中的可约化投影，则存在一个 $Q_1 \in L$ 使得 $E = Q_1P^{\perp}$ 且 $EA_{22}(P^{\perp} - E) = \{0\}$。从而有

$$Q_1P^{\perp}(\mathrm{Alg}L)Q_1^{\perp}P^{\perp} = \{0\}$$

由文献[149]的引理 2.2 存在 $Q_2 \in L$，使得

$$Q_1P^{\perp}Q_2 = 0 \text{ 且 } Q_2^{\perp}Q_1^{\perp}P^{\perp} = 0$$

如果 $E = Q_1P^{\perp} \neq P^{\perp}$，则 $Q_1^{\perp}P^{\perp} = (P \vee Q_1)^{\perp} \neq I$，其中 $P \vee Q_1 = P + Q_1 - PQ_1 \in L$，故由文献[149]的引理 2.1(b)可得 $Q_2 = I$。因此，$E = Q_1P^{\perp} = 0$。这证明了 E 是 $L_{P^{\perp}}$ 中的平凡投影。由文献[91]的引理 1.1，$\mathbf{A}_{22}$ 的换位子是 $\mathbb{C}P^{\perp}$。证毕。

引理 7.4[149] 设 $X \in B(H)$，

（a）如果对任意的 $A_{12} \in \mathbf{A}_{12}$ 有 $X\mathbf{A}_{12} = 0$，则 $XP = 0$；

（b）如果对任意的 $A_{12} \in \mathbf{A}_{12}$ 有 $\mathbf{A}_{12}X = 0$，则 $P^{\perp}X = 0$。

证明 （a）因为 $\mathbf{A}_{12} = P(\mathrm{Alg}L)P^{\perp}$，所以 $XP(\mathrm{Alg}L)P^{\perp} = \{0\}$。从而由文献[149]的引理 2.2 可知存在 $Q \in L$，使得 $XPQ = 0$ 且 $Q^{\perp}P^{\perp} = 0$。由文献[149]的引理 2.1(b)可得 $Q = I$。因此 $XP = 0$。

（b）由 $P(\mathrm{Alg}L)P^{\perp}X = \{0\}$ 和文献[149]的引理 2.2 可知存在 $Q \in L$，使得 $PQ = 0$ 且 $Q^{\perp}P^{\perp}X = 0$。从而由文献[149]的引理 2.1(a)可得 $Q = 0$。因此，$P^{\perp}X = 0$。证毕。

引理 7.5 设 $A_{ii} \in \mathbf{A}_{ii}$，$i = 1,2$。如果对任意的 $B_{12} \in \mathbf{A}_{12}$ 有 $A_{11}B_{12} = B_{12}A_{22}$，则 $A_{11} + A_{22} \in \mathbb{C}I$。

证明 对任意的 $X_{11} \in \mathbf{A}_{11}$ 与 $X_{12} \in \mathbf{A}_{12}$，有

$$A_{11}X_{11}X_{12} = A_{11}X_{12}A_{22} = X_{11}A_{11}X_{12}$$

从而

$$(A_{11}X_{11} - X_{11}A_{11})X_{12} = 0$$

由引理 7.4（a）可知

$$A_{11}X_{11}=X_{11}A_{11}$$

由引理 7.3 可知

$$A_{11}=\lambda_1 P_1, \lambda_1\in\mathbb{C}$$

类似可得

$$A_{22}=\lambda_2 P_2, \lambda_2\in\mathbb{C}$$

从而

$$\lambda_1 B_{12}=A_{11}B_{12}=B_{12}A_{22}=\lambda_2 B_{12}。$$

由此可得 $\lambda_1=\lambda_2$。故 $A_{11}+A_{22}\in\mathbb{C}I$。证毕。

很容易验证，若 $d:A\lg\to M$ 是导子，则有

$$d(P_1)=-d(P_2) \text{ 及 } P_2 d(A_{11})P_2=P_1 d(A_{22})P_1=P_2 d(A_{12})P_1=0 \tag{7-5}$$

引理 7.6　$P_1\varphi(P_1)P_1+P_2\varphi(P_1)P_2=\mu I$，$P_1\varphi(P_1)P_1+P_2\varphi(P_1)P_2=\gamma I$，$\mu$，$\gamma\in\mathbb{C}$。

证明　对任意的 $A_{12}\in\mathbf{A}_{12}$，存在 Lie 导子 φ_{P_1}，使得

$$\begin{aligned}\varphi_{P_1}(A_{12})&=\varphi_{P_1}([P_1,A_{12}])\\&=[\varphi_{P_1}(P_1),A_{12}]+[P_1,\varphi_{P_1}(A_{12})]\\&=\varphi(P_1)A_{12}-A_{12}\varphi(P_1)+P_1\varphi_{P_1}(A_{12})-\varphi_{P_1}(A_{12})P_1\end{aligned}$$

给上式左乘 P_1 且右乘 P_2，得

$$P_1\varphi(P_1)A_{12}=A_{12}\varphi(P_1)P_2$$

从而由引理 7.5 可知

$$P_1\varphi(P_1)P_1+P_2\varphi(P_1)P_2=\mu I, \mu\in\mathbb{C}$$

对任意的 $A_{12}\in\mathbf{A}_{12}$，存在 Lie 导子 φ_{P_1}，使得

$$\begin{aligned}\varphi_{P_2}(A_{12})&=\varphi_{P_2}([A_{12},P_2])\\&=[A_{12},\varphi_{P_2}(P_2)]+[\varphi_{P_2}(A_{12}),P_2]\\&=A_{12}\varphi(P_2)-\varphi(P_2)A_{12}+\varphi_{P_2}(A_{12})P_2-P_2\varphi_{P_1}(A_{12})\end{aligned}$$

给上式左乘 P_1 且右乘 P_2，得

$$P_1\varphi(P_2)A_{12} = A_{12}\varphi(P_2)P_2$$

从而由引理 7.5 可知

$$P_1\varphi(P_2)P_1 + P_2\varphi(P_2)P_2 = \gamma I,\quad \gamma \in \mathbb{C}$$

证毕。

以下我们定义 $\phi(A) = \varphi(A) - [A, P_1\varphi(P_1)P_2 - P_2\varphi(P_1)P_1]$。可以验证 ϕ 也是局部 Lie 导子，由引理 7.6 可得

$$\phi(P_1) = P_1\varphi(P_1)P_1 + P_2\varphi(P_1)P_2 = \mu I, \mu \in \mathbb{C}$$

且

$$\phi(P_2) = P_1\varphi(P_2)P_1 + P_2\varphi(P_2)P_2 = \gamma I, \gamma \in \mathbb{C}$$

记 $M_{11} = P_1MP_1$，$M_{12} = P_1MP_2$ 和 $M_{22} = P_2MP_2$。则有以下引理。

引理 7.7　$\phi(\mathbf{A}_{12}) \subseteq M_{12}$。

证明　设 $B_{12} \in \mathbf{A}_{12}$ 是幂等元且 S 是 $\mathbf{A}_{11}$ 中的幂等元，在引理 7.2 中取 $E = S$，$X = P_1, F = P_1 + B_{12}$，由式（7-3）与式（7-4）可知 $\lambda_3 = \lambda_4 = 0$。则

$$\begin{aligned}\phi(S + SB_{12}) &= \phi(S)(P_1 + B_{12}) + S\phi(P_1 + B_{12}) - S\phi(P_1)(P_1 + B_{12}) \\ &\quad + \lambda_1(I - S)(P_2 - B_{12}) - \lambda_2 S(P_2 - B_{12}) \\ &= \phi(S)P_1 + \phi(S)B_{12} + S\phi(B_{12}) - S\phi(P_1)B_{12} \\ &\quad + \lambda_1(P_2 - B_{12} + SB_{12}) + \lambda_2 SB_{12}\end{aligned} \tag{7-6}$$

上式两边左、右都乘 P_1 可得

$$P_1\phi(SB_{12})P_1 = S\phi(B_{12})P_1$$

由文献[150,151]可知 $\mathbf{A}_{11}$ 中的每个算子都能写成 $\mathbf{A}_{11}$ 中的有限个幂等元的线性组合，从而有

$$P_1\phi(A_{11}B_{12})P_1 = A_{11}\phi(B_{12})P_1 \tag{7-7}$$

其中，$B_{12} \in \mathbf{A}_{12}$，$A_{11} \in \mathbf{A}_{11}$。由此可得 $P_2\phi(B_{12})P_1 = 0$。

设 $B_{12} \in \mathbf{A}_{12}$ 是幂等元且 T 是 $\mathbf{A}_{22}$ 中的幂等元，在引理 7.2 中取 $E = P_2 + B_{12}$，

$X = P_2$，$F = T$，

由式（7-1）与式（7-2）可知 $\lambda_1 = \lambda_2 = 0$。则

$$\begin{aligned}\phi(T + B_{12}T) &= (P_2 + B_{12})\phi(T) + \phi(P_2 + B_{12})T - (P_2 + B_{12})\phi(P_2)T \\ &\quad + \lambda_3(P_2 + B_{12})(I - T) - \lambda_4(P_1 - B_{12})T \\ &= P_2\phi(T) + B_{12}\phi(T) + \phi(B_{12})T - B_{12}\phi(P_2)T \\ &\quad + \lambda_3(P_2 + B_{12} - T - B_{12}T) + \lambda_4 B_{12}T\end{aligned} \tag{7-8}$$

上式两边左、右都乘 P_2 可得

$$P_2\phi(B_{12}T)P_2 = P_2\phi(B_{12})T$$

由文献[150,151]可知 $\mathbf{A}_{22}$ 中的每个算子都能写成 $\mathbf{A}_{22}$ 中的有限个幂等元的线性组合，从而有

$$P_2\phi(B_{12}A_{22})P_2 = P_2\phi(B_{12})A_{22} \tag{7-9}$$

其中 $B_{12} \in \mathrm{A}_{12}$， $A_{22} \in \mathbf{A}_{22}$。

由引理 7.1 可知存在导子 $d: \mathrm{Alg}L \to M$ 和线性映射 $\lambda \in \mathbb{C}$，使得

$$\phi(P_1 + B_{12}) = d(P_1 + B_{12}) + \lambda I$$

则由 $\phi(P_1) = \mu I, \mu \in \mathbb{C}$，可得

$$\phi(B_{12}) = d(P_1 + B_{12}) + (\lambda - \mu)I \tag{7-10}$$

由式（7-5）与式（7-10）可得

$$0 = P_2\phi(B_{12})P_1 = P_2 d(P_1)P_1$$

因此，由式（7-5）与式（7-10）可得

$$\begin{aligned}P_1\phi(B_{12})P_1 &= P_1 d(B_{12})P_1 + (\lambda - \mu)P_1 \\ &= P_1 d(B_{12}P_2)P_1 + (\lambda - \mu)P_1 \\ &= B_{12}d(P_2)P_1 + (\lambda - \mu)P_1 \\ &= -B_{12}d(P_1)P_1 + (\lambda - \mu)P_1 \\ &= (\lambda - \mu)P_1\end{aligned}$$

并且

$$\begin{aligned}P_2\phi(B_{12})P_2 &= P_2d(B_{12})P_2 + (\lambda-\mu)P_2\\ &= P_1d(P_1)B_{12} + (\lambda-\mu)P_2\\ &= (\lambda-\mu)P_1\end{aligned}$$

对任意的 $A_{11}\in\mathbf{A}_{11}$， $A_{22}\in\mathbf{A}_{22}$，由式（7-7）和式（7-9）可知

$$(\lambda-\mu)A_{11} = A_{11}\phi(B_{12})P_1 = P_1\phi(A_{11}B_{12})P_1 \in \mathbb{C}P_1$$

且

$$(\lambda-\mu)A_{22} = P_2\phi(B_{12})A_{22} = P_2\phi(B_{12}A_{22})P_2 \in \mathbb{C}P_2$$

如果 $\lambda-\mu\neq 0$，则 $\mathbf{A}_{11}\subseteq\mathbb{C}P_1$ 且 $\mathbf{A}_{22}\subseteq\mathbb{C}P_2$，从而 $\dim(A\lg)\leqslant 4$，这与 $\dim(A\lg)=\infty$ 矛盾。因此 $\lambda-\mu=0$。从而

$$P_1\phi(B_{12})P_1 = P_2\phi(B_{12})P_2 = 0$$

因此，$\phi(\mathbf{A}_{12})\subseteq M_{12}$。证毕。

引理 7.8　存在 $\mathbf{A}_{ii}$ 上的线性泛函 τ_i 使得对任意的 $A_{ii}\in\mathbf{A}_{ii}$　$i=1,2$ 有

$$\phi(A_{ii}) - \tau_i(A_{ii})I \in M_{ii}$$

证明　设 E 是 $\mathbf{A}_{11}$ 中的幂等元，则由引理 7.2 可知，存在 $\lambda_1,\lambda_2,\lambda_3,\lambda_4\in\mathbb{C}$ 使得

$$\begin{aligned}\phi(E) &= \phi(EP_1P_1)\\ &= \phi(E)P_1 + E\phi(P_1) - P_1\phi(P_1)E\\ &\quad + \lambda_1(I-E)P_2 - \lambda_2EP_2 + \lambda_3EP_1 - \lambda_4(I-E)P_1\end{aligned}$$

另外，由引理 7.2 可知，存在 $\lambda_1',\lambda_2',\lambda_3',\lambda_4'\in\mathbb{C}$ 使得

$$\begin{aligned}\phi(E) &= \phi(P_1P_1E)\\ &= \phi(P_1)E + P_1\phi(E) - P_1\phi(P_1)E\\ &\quad + \lambda_1'P_2(I-E) - \lambda_2'P_1(I-E) + \lambda_3'P_1E - \lambda_4'P_2E\end{aligned}$$

从而由式（7-1）～（7-4）可得 $\lambda_1=\lambda_1',\lambda_3=\lambda_4=\lambda_2'=\lambda_3'=0$。
因此

$$\phi(E) = \phi(E)P_1 + \lambda_1P_2 = P_1\phi(E) + \lambda_1P_2$$

由上式可得

$$P_2\phi(E)P_1=\lambda_1 P_2$$

且

$$P_1\phi(E)P_2=P_2\phi(E)P_1=0$$

因为$\mathbf{A}_{11}$中的每个算子都能写成$\mathbf{A}_{11}$中的有限个幂等元的线性组合，从而

$$P_1\phi(A_{11})P_2=P_2\phi(A_{11})P_1=0$$

故存在数$\tau_1(A_{11})$使得

$$\lambda_1 P_2\phi(A_{11})P_2=\tau_1(A_{11})P_2$$

因此可得

$$\begin{aligned}\phi(A_{11})&=P_1\phi(A_{11})P_1+\tau_1(A_{11})P_2\\&=P_1\phi(A_{11})P_1+\tau_1\tau(A_{11})I-\tau_1(A_{11})P_1\end{aligned}$$

从而

$$\phi(A_{11})-\tau(A_{11})I=P_1\phi(A_{11})P_1-\tau(A_{11})P_1$$

故

$$\phi(A_{11})-\tau_1(A_{11})I\in M_{11}$$

类似可定义$\mathbf{A}_{22}$上的线性泛函τ_2使得对任意的$A_{22}\in\mathbf{A}_{22}$有

$$\phi(A_{22})-\tau_2(A_{22})I\in M_{22}$$

证毕。

现在对任意的$A=A_{11}+A_{12}+A_{22}\in\mathbf{A}$，定义两个线性映射

$$\tau:\mathrm{Alg}L\to\mathbb{C}I$$

与

$$\omega:\mathrm{Alg}L\to M$$

为

$$\tau(A)=[\tau_1(A_{11})+\tau_2(A_{22})]I$$

与

$$\omega(A)=\phi(A)-\tau(A)$$

很容易验证 $\omega(P_1)=0$。而且

$\omega(\mathbf{A}_{ii})\subseteq M_{ii}(i=1,2)$ 且 $\omega(\mathbf{A}_{12})\subseteq M_{12}$。同时还有 $\omega(A_{12})=\phi(A_{12})$。

引理 7.9　ω 是导子。

证明　我们分以下四步证明此结论。

第 1 步　设 $B_{12}\in\mathbf{A}_{12}$ 且 E 是 $\mathbf{A}_{11}$ 的幂等元，在式（7-2）中取 $E=E,X=P_1$，$F=P_1+B_{12}$，则有

$$\phi(P_1+B_{12}-E-EB_{12})=d_2(P_1+B_{12}-E-EB_{12})+\lambda_2 I \tag{7-11}$$

由式（7-5）与式（7-11）可知

$$0=P_2d_2(P_1-E)P_1=P_2d_2[P_1(P_1-E)]P_1=P_2d_2(P_1)(P_1-E)$$

因此，由式（7-5）与式（7-11）可知

$$\begin{aligned}P_2\phi(P_1-E)P_2&=P_2d_2(B_{12}-EB_{12})P_2+\lambda_2P_2\\&=P_2d_2(P_1)(P_1-E)B_{12}+\lambda_2P_2\\&=\lambda_2P_2\end{aligned} \tag{7-12}$$

给式（7-6）两边同时乘以 P_2，可得

$$P_2\phi(E)P_2=\lambda_1P_2 \tag{7-13}$$

由式（7-12）与式（7-13）可得 $B_{12}\phi(E)=\lambda_1B_{12}$ 且

$$\begin{aligned}\lambda_2EB_{12}&=EB_{12}\phi(P_1-E)\\&=EB_{12}\phi(P_1)-EB_{12}\phi(E)\\&=EB_{12}\phi(P_1)-\lambda_1EB_{12}\end{aligned}$$

从而由式（7-6）可知

$$\begin{aligned}\omega(EB_{12})&=\phi(EB_{12})\\&=\phi(E)B_{12}+E\phi(B_{12})-B_{12}\phi(E)\\&=[\omega(E)+\tau(E)]B_{12}+E\omega(B_{12})-B_{12}[\omega(E)+\tau(E)]\\&=\omega(E)B_{12}+E\omega(B_{12})\end{aligned}$$

在第四个等式用到了 $\omega(\mathbf{A}_{ii})\subseteq M_{ii}(i=1,2)$ 且 $\omega(\mathbf{A}_{12})\subseteq M_{12}$。

因为$\mathbf{A}_{11}$中的每个算子都能写成$\mathbf{A}_{11}$中的有限个幂等元的线性组合，故

$$\omega(A_{11}B_{12}) = \omega(A_{11})B_{12} + A_{11}\omega(B_{12})$$

第2步　设$B_{12} \in \mathbf{A}_{12}$且$F$是$\mathbf{A}_{22}$的幂等元，在式（7-4）中取$E = P_2 + B_{12}$，$X = P_2, F = F$，则有

$$\phi(P_2 + B_{12} - F - B_{12}F) = d_4(P_2 + B_{12} - F - B_{12}F) + \lambda_4 I \tag{7-14}$$

由式（7-5）与式（7-13）可知

$$0 = P_2 d_4(P_2 - F)P_1 = P_2 d_4[P_2(P_2 - F)]P_1 = P_2 d_4(P_1 - F)P_1$$

因此，由式（7-5）与式（7-13）可知

$$\begin{aligned} P_2\phi(P_2 - F)P_2 &= P_2 d_4(B_{12} - B_{12}F)P_2 + \lambda_4 P_1 \\ &= P_2 d_4[B_{12}(P_2 - F)]P_1 + \lambda_4 P_1 \\ &= \lambda_4 P_2 \end{aligned} \tag{7-15}$$

给式（7-8）两边同时乘以P_2，可得

$$P_2\phi(F)P_2 = \lambda_3 P_2 \tag{7-16}$$

由式（7-15）与式（7-16）可得$B_{12}\phi(F) = \lambda_3 B_{12}$。

$$\begin{aligned} \lambda_2 B_{12}F &= B_{12}F\phi(P_2 - F) \\ &= B_{12}F\phi(P_2) - B_{12}F\phi(F) \\ &= B_{12}F\phi(P_2) - \lambda_4 B_{12}F \end{aligned}$$

从而由式（7-7）可知

$$\begin{aligned} \omega(B_{12}F) &= \phi(B_{12}F) \\ &= \phi(F)B_{12} + \phi(B_{12})F - B_{12}\phi(F) \\ &= B_{12}[\omega(F) + \tau(F)] + \omega(B_{12})F - [\omega(F) + \tau(F)]B_{12} \\ &= B_{12}\omega(F) + \omega(B_{12})F \end{aligned}$$

在第四个等式用到了$\omega(\mathbf{A}_{ii}) \subseteq M_{ii} (i = 1,2)$且$\omega(\mathbf{A}_{12}) \subseteq M_{12}$。

因为$\mathbf{A}_{11}$中的每个算子都能写成$\mathbf{A}_{11}$中的有限个幂等元的线性组合，故

$$\omega(B_{12}A_{22}) = \omega(A_{22})B_{12} + A_{22}\omega(B_{12})$$

第 3 步　设 $A_{11}, B_{11} \in \mathbf{A}_{11}$ 和 $X_{12} \in \mathbf{A}_{11}$ 则由上面的等式可得

$$\omega(A_{11}B_{11}X_{12}) = \omega(A_{11}B_{11})X_{12} + A_{11}B_{11}\omega(X_{12}) \tag{7-17}$$

另外，有

$$\begin{aligned}\omega(A_{11}B_{11}X_{12}) &= \omega(A_{11})B_{11}X_{12} + A_{11}\omega(B_{11}X_{12}) \\ &= \omega(A_{11})B_{11}X_{12} + A_{11}[\omega(B_{11})X_{12} + B_{11}\omega(X_{12})] \\ &= \omega(A_{11})B_{11}X_{12} + A_{11}\omega(B_{11})X_{12} + A_{11}B_{11}\omega(X_{12})\end{aligned}$$

从而对任意的 $X_{12} \in \mathbf{A}_{12}$，由此式和式（7-16）可得

$$[\omega(A_{11}B_{11}) - \omega(A_{11})B_{11} - A_{11}\omega(B_{11})]X_{12} = 0$$

故由引理 7.4 可得

$$\omega(A_{11})B_{11} = \omega(A_{11})B_{11} + A_{11}\omega(B_{11})$$

第 4 步　设 $A_{22}, B_{22} \in \mathbf{A}_{22}$ 和 $X_{12} \in \mathbf{A}_{12}$，则

$$\omega(X_{12}A_{22}B_{22}) = \omega(X_{12}A_{22})B_{22} + X_{12}\omega(A_{22}B_{22}) \tag{7-18}$$

有

$$\begin{aligned}\omega(X_{12}A_{22}B_{22}) &= \omega(X_{12}A_{22})B_{22} + X_{12}A_{22}\omega(B_{22}) \\ &= [\omega(X_{12})A_{22} + X_{12}\omega(A_{22})]B_{22} + X_{12}A_{22}\omega(B_{22}) \\ &= \omega(X_{12})A_{22}B_{22} + X_{12}\omega(A_{22})B_{22} + X_{12}A_{22}\omega(B_{22})\end{aligned}$$

故对任意的 $X_{12} \in \mathbf{A}_{12}$ 由此式和式（7-18）可知

$$X_{12}[\omega(A_{22}B_{22}) - \omega(A_{22})B_{22} - A_{22}\omega(B_{22})] = 0$$

因此，由引理 7.4 有

$$\delta(A_{22})B_{22} = \delta(A_{22})B_{22} + A_{22}\delta(B_{22})$$

证毕。

现在来证本节的主要定理。

定理 7.1 证明　如果 L 是平凡的，则 $\mathrm{Alg}L = B(H)$，从而由文献[162]的结果可知定理的结论是正确的。如果 L 是非平凡的。由引理 7.9 可知 ω 是从 $\mathrm{Alg}L$ 到 M 的一个导子。由文献[92]的定理 3.1 可知，ω 是内导子。故对任意的 $X \in \mathrm{Alg}L$，存在 $S \in M$，使得 $\omega(X) = XS - SX$。

令 $T = S - P_1\varphi(P_1)P_2 + P_2\varphi(P_1)P_1$，则对任意的 $A \in \mathrm{Alg}\,L$ 有

$$\varphi(A) = TA - AT + \tau(A)$$

对任意换位子 $R \in \mathrm{Alg}L$，存在元素 $T_R \in \mathrm{Alg}L$，使得换位子为零的线性映射

$$\tau_1\text{：}\ \mathrm{Alg}L \to \mathbb{C}I$$

使得

$$\begin{aligned}\tau(R) &= \varphi(R) - [T, R] \\ &= [T_R, R] + \tau_1(R) - [T, R] \\ &= [T_R - T, R] \in \mathbb{C}I\end{aligned}$$

故 $\tau(R) = 0$。

§7.3　注　　记

局部导子的研究最早是由 Kadison [152]和 Sourour [153]在 1990 年发起，在后来的二十多年里引起许多学者的关注。关于自伴算子代数上有关局部导子的最好的结果是由 Johnson[154]给出的，他证明了 C^*-代数到它的 Banach 双边模上的每一个有界的局部导子是导子。Hadwin 和 Li 研究了一类非自伴算子代数上的局部导子。给出可交换子空间格代数到它的 Banach 双边模上的每一个有界的局部导子是导子。其他相关研究还可见文献[155-160]及它们的参考文献。最近 Chen[161]和 Zhang[162]发起了局部 Lie 导子的研究，他们分别对套代数与因子 Von Neumann 代数上的局部 Lie 导子进行了刻画。

参 考 文 献

[1] von Neumann J. Zur algebra der funktionaloperatoren und theorie der normalen operatoren[J]. Math Ann，1930，102：370-427.

[2] Murray F J，von Neumann J. On rings of operators[J]. Ann Math，1936，37：116-229.

[3] Murray F J，von Neumann J. On rings of operators II[J]. Trans Amer Math Soc，1937，41(2)：208-248.

[4] Murray F J，von Neumann J. On rings of operators III[J]. Ann Math，1940，41(1)：94-161.

[5] Murray F J，von Neumann J. On rings of operators IV[J]. Ann Math，1943，44：716-808.

[6] 侯晋川，崔建莲. 算子代数上的线性映射引论[M]. 北京：科学出版社，2002.

[7] 李炳仁. Banach 代数[M]. 北京：科学出版社，1992.

[8] Murphy G J. C^*-Algebras and Operator Theory[M]. San Diedo：Academic Press Inc，1990.

[9] Dixmier J. von Neumann Algebra[M]. New York：North-Holland Publishing company，1981.

[10] Cheung W S. Commuting maps of triangular algebras[J]. J London Math Soc，2001，63(1)：117-127.

[11] Jacobson N. Basic Algebra II[M]. San Francisco：W H Freeman and Company，1980.

[12] Davidson K R. Nest Algebras[M]. London：Longmans Scientific and Technical，1988.

[13] Brešar M. On generalized biderivations and related maps[J]. J Algebra，1995，172(3)：764-786.

[14] Benkovič D，Eremita D. Commuting traces and commutativity preserving maps on triangular algebras[J]. J Algebra，2004，280(2)：797-824.

[15] Yu W Y，Zhang J H. Nonlinear Lie derivations of triangular algebras[J]. Linear Algebra Appl，2010，432(1)：2953-2960.

[16] Cheung W S. Lie derivations of triangular algebras[J]. Linear Multilinear A，2003，51(3)：299-310.

[17] Coelho S P，Milies C P. Derivations of upper triangular matrix rings[J]. Linear Algebra Appl，1993，187：263-267.

[18] Johnson B E. Symmetric amenability and the nonexistence of Lie and Jordan derivations[J]. Math Proc Cambridge Philos Soc，1996，120(3)：455-473.

[19] Han D G. Additive derivations of nest algebras[J]. Proc Amer Math Soc，1993，119(4)：1165-1169.

[20] Han D G. Continuity and linearity of additive derivations of nest algebras on Banach spaces[J]. Chinese Ann Math Ser B，1996，17(2)：227-236.

[21] Yu W Y，Zhang J H. Nonlinear maps preserving Lie products on triangular algebras[J]. Special Matrices，2016，4(1)：56-66.

[22] Molnár L，Šemrl P. Nonlinear commutativity preserving maps on self-adjoint operators[J]. Q J Math，2005，56(4)：589-595.

[23] Miers C R. Lie isomorphisms of factor[J]. Trans Amer Math Soc，1970，147(1)：55-63.

[24] Omladič M，Radjavi H，Šemrl P. Preserving commutativity[J]. J Pure Appl Algebra，2001，156(2)：309-328.

[25] Šemrl P. Non-linear commutativity preserving maps[J]. Acta Sci Math (Szeged)，2005，71：781-819.

[26] 余维燕，张建华. 三角代数上的一类非线性可交换映射[J]. 吉林大学学报（理学版），2014，52(5)：881-887.

[27] Benkovič D. Biderivations of triangular algebras[J]. Linear Algebra Appl，2009，431：1587-1602.

[28] Wong T L. Jordan isomorphisms of triangular algebras[J]. Linear Algebra Appl，2006，418：225-233.

[29] Zhang J H，Yu W Y. Jordan derivations of triangular algebras[J]. Linear Algebra Appl，2006，419(1)：251-255.

[30] Hua L K. A theorem on matrices over an sfield and its applications[J]. Acta Math Sinica，1951，1(2)：110-163.

[31] Herstein I N. Lie and Jordan structure in simple associative rings[J]. Bull Amer Math Soc，1961，67(6)：517-531.

[32] Herstein I N. Topics in Ring Theory[M]. Chicago：The University of Chicago Press，1969.

[33] Howland R A. Lie isomorphisms of derived rings of simple rings[J]. Trans Amer Math Soc，1969，145：383-396.

[34] Martindale III W S. Lie isomorphisms of primitive rings[J]. Proc Amer Math Soc，1963，14(6)：909-916.

[35] Martindale III W S. Lie isomorphisms of simple rings[J]. J London Math Soc，1969，1(1)：213-221.

[36] Martindale III W S. Lie isomorphisms of prime rings[J]. Trans Amer Math Soc，1969，142：437-455.

[37] Martindale III W S. Lie isomorphisms of the skew elements of a simple ring with involution[J]. J Algebra，1975，36(3)：408-415.

[38] Martindale III W S. Lie isomorphisms of the skew elements of a prime ring with involution[J]. Comm Algebra，1976，4(10)：927-977.

[39] Martindale III W S. Lie and Jordan mappings[J]. Contemp Math，1982，13：173-177.

[40] Rosen M P. Isomorphisms of a certain class of prime Lie rings[J]. J Algebra，1984，89(2)：291-317.

[41] Ayupov S A. Anti-automorphisms of factors and Lie operator algebras[J]. Quart J Math Oxford，1995，46(2)：129-140.

[42] Ayupov S A. Skew commutators and Lie isomorphisms in real von Neumann algebras[J]. J Funct Anal，1996，138(1)：170-187.

[43] Ayupov S A，Azamov N A . Commutators and Lie isomorphisms of skew elements in prime operator algebras[J]. Comm Algebra，1996，24(4)：1501-1520.

[44] Ayupov S A，Usmanov A S. Jordan，Real and Lie Structures in Operator Algebras[M]. Netherlands：Springer Science & Business Media，1997.

[45] Harpe P de L. Classical Banach-Lie Algebras and Banach-Lie Groups of Operators in Hilbert Space[M]. Berlin：Springer-Verlag，1972.

[46] Marcoux L W. Lie isomorphisms of nest algebras[J]. J Funct Anal Appl，1999，164(1)：163-180.

[47] Miers C R. Lie homomorphisms of operator algebras[J]. Pacific J Math，1971，38(3)：717-735.

[48] Miers C R. Lie*-triple homomorphisms into von Neumann algebras[J]. Proc Amer Math Soc，1976，58(1)：169-172.

[49] Martindale III W S. Lie derivations of primitive rings[J]. Michigan Math J，1964，11(3)：183-187.

[50] Mathieu M， Villena A R. The structure of Lie derivations on C^*-algebras[J]. J Funct Anal，2003，202(2)：504-525.

[51] Lu F Y， Liu B H. Lie derivations of reflexive algebras[J]. Integr Equ Oper Theory，2009，64(2)：261-271.

[52] Zhang J H. Lie derivations on nest subalgebras of von Neumann algebras[J]. Acta Math Sinica，2003，46(4)：657-664.

[53] Qi X F，Du S P，Hou J C. Additive Lie (ξ-Lie) derivations and generalized Lie (ξ-Lie) derivations on nest algebras[J]. Linear Algebra Appl，2009，431：843-854.

[54] Brešar M. Commuting traces of biadditive mappings commutativity preserving mappings and Lie mappings[J]. Trans Amer Math Soc，1993，335(2)：525-546.

[55] Alamions J，Brešar M，Villena A R. The strong degree of von Neumann algebras and the structure of Lie and Jordan derivations[J]. Math Proc Camb Phil Soc，2004，137(2)：441-463.

[56] Beidar K I，Chebotar M A. On Lie derivations of Lie ideals of prime algebras[J]. Israel J Math，2001，123(1)：131-148.

[57]Berenguer M I，Villena A R. Continuity of Lie derivations on Banach algebras[J]. Proc Edinb Math Soc，1998，41(3)：625-630.

[58] Killam E. Lie derivations on skew elements in prime rings with involution[J]. Canad Math Bull，1987，30(3)：344-350.

[59] Miers C R. Lie derivations of von Neumann algebras[J]. Duke Math J，1973，40(2)：403-409.

[60] Swain G A. Lie derivations of the skew elements of prime rings with involution[J]. J Algebra，1996，184(2)：679-704.

[61] Villena A R. Lie derivations on Banach algebras[J]. J Algebra，2000，226(1)：390-409.

[62] Brešar M. Commuting traces of biadditive mappings commutativity-preserving mappings and Lie mappings[J]. Trans Amer Math Soc，1993，335(2)：525-546.

[63] Brešar M，Šemrl P. Commutativity preserving linear maps on central simple algebras[J]. J Algebras，2005，284(1)：102-110.

[64] Choi M，Jafarian A，Radjavi H. Linear maps preserving commutativity[J]. Linear Algebra Appl，1987，87：227-241.

[65] Fošner A. Non-linear commutativity preserving maps on $M_n(R)$ [J]. Linear Multilinear A，2005，53(5)：323-344.

[66] Fošner A. Non-linear commutativity preserving maps on symmetric matrices[J]. Publ Math-Debrecen，2007，71：375-396.

[67] Chen L，Zhang J H. Nonlinear Lie derivation on upper triangular matrix algebras[J]. Linear Multilinear A，2008，56(6)：725-730.

[68] Dolinar G. Maps on upper triangular matrices preserving Lie product[J]. Linear Multilinear A，2007，55(2)：191-198.

[69] Hou J C，Jiao M Y. Additive maps preserving Jordan zero-products on nest algebras[J]. Linear Algebra Appl，2008，429(1)：190-208.

[70] Molnár L. On isomorphisms of standard operator algebras[J]. Stud Math，2000，142：295-302.

[71] Zhang J H，zhang F J. Nonlinear maps preserving lie products on factor von Neumann algebras[J]. Linear Algebra Appl，2008，429(1)：18-30.

[72] Hou J C，He K，Zhang X L. Nonlinear maps preserving numerical radius of indefinite skew products of operators[J]. Linear Algebra Appl，2009，430(8-9)：2240-2253.

[73] Miers C R. Commutativity preserving maps of factors[J]. Canad J Math，1988，40：248-256.

[74] Posner E C. Derivation in prime rings[J]. Proc Amer Math Soc，1957，8(6)：1093-1100.

[75] Ara P，Mathieu M. An application of local multipliers to centralizing mappings of C^*-algebras[J]. Quart J Math，1993，44(2)：129-138.

[76] Brešar M. Centralizing mappings on von Neumann algebras[J]. Proc Amer Math Soc，1991，111(2)：501-510.

[77] Brešar M. Centralizing mappings and derivations in prime rings[J]. J Algebra，1993，156(2)：385-394.

[78] Brešar M，Martindale W S，Miers C R. Centralizing maps in prime ring with involution[J]. J Algebra，1993，161(2)：342-357.

[79] Brešar M. On certain pairs of functions of semiprime rings[J]. Proc Amer Math Soc，1994，120(3)：709-713.

[80] Brešar M，Šemrl P. Commuting traces of biadditive maps revisited[J]. Comm Algebra，2003，31(1)：381-388.

[81] Beider K I，Brešar M，Chebotar M A，et al. Appling functional identities to some linear preserver problems[J]. Pacific J Math，2002，204(2)：257-271.

[82] Brešar M，Šemrl P. Normal-preserving linear mappings[J]. Canad Math Bull，1994，37(3)：306-309.

[83] Brešar M，Šemrl P. Linear preservers on $\mathbb{B}(X)$[J]. Banach Center Publ，1997，38(1)：49-58.

[84] Beider K I，Chebotar M A. On Lie-admissible algebras whose commutator Lie algebras are Lie subalgebras of prime associative algebras[J]. J Algebra，2000，233(2)：675-703.

[85] Berenguer M I，Villena A R. Continuity of Lie isomorphisms of Banach algebras[J]. Bull London Math Soc，1999，31(1)：6-10.

[86] Benkovič D，Eremita D. Commuting traces and commutativity preserving maps on triangular algebras[J]. J Algebra，2004，280(2)：797-824 .

[87] Šemrl P. Jordan*-derivations of standard operator algebras[J]. Proc Amer Math Soc，1994，120(2)：515-518.

[88] Yu W Y，Zhang J H. Nonlinear*-Lie derivations on factor von Neumann algebras[J]. Linear Algebra Appl，2012，437(8)：1979-1991.

[89] Cui J L，Li C K. Maps preserving product $XY-YX^*$ on factor von Neumann algebras[J]. Linear Algebra Appl，2009，431：823-842.

[90] 余维燕. von Neumann 代数上的非线性保持*-Lie 积的双射[J]. 海南热带海洋学院学报，2017，24(2)：34-38.

[91] Gilfeather F，Larson D R. Commutants modulo the compact operators of certain CSL algebras[J]. Integral Equat Oper Th，1981，6(1)：345-356.

[92] Gilfeather F，Hopenwasser A，Larson D R. Reflexive algebras with finite width lattices：tensor products，cohomology，compact perturbations[J]. J Funct Anal，1984，55(2)：176-190.

[93] Yu W Y，Zhang J H. Lie Triple Derivations of CSL Algebras[J]. Int J Theor Phys，2013，52(6)：2118-2127.

[94] Miers C R. Lie triple derivations of von Neumann algebras[J]. Proc Amer Math Soc，1978，71(1)：57-61.

[95] Yu W Y. Lie isomorphisms of triple nest algebras[J]. Adv Math (China)，2017，46：373-379.

[96] Brešar M. On a generalization of the notion of centralizing mappings[J]. Proc Amer Math Soc，1992，114(3)：641-649.

[97] Lu F Y. Jordan isomorphisms of nest algebras[J]. Proc Amer Math Soc，2003，131(1)：147-154.

[98] Zhang J H. Jordan isomorphisms of nest algebras[J]. Acta Math Sinica，2002，45(4)：819-824.

[99] Jacobson N. Lie Algebras[M]. New York：Interscience，1962.

[100] Martindale III W S. Lie and Jordan mappings in associative rings[J]. Proc Ohio Univ Conf，1976.

[101] Miers C R. Derived ring isomorphisms of von Neumann algebras[J]. Canad J Math，1973，25：1254-1268.

[102] Miers C R. Lie derivation of von Neumann algebras[J]. Duke Math J，1973，40(2)：403-409.

[103] Doković D Ž. Automorphisms of the Lie algebra of upper triangular matrices over a connected commutative ring[J]. J Algebra，1994，170(1)：101-110.

[104] Ling Z，Lu F Y. Jordan maps of nest algebras[J]. Linear Algebra Appl，2004，387：361-368.

[105] Zhang J H，Wu B W，Cao H X. Lie triple derivations of nest subalgebras[J]. Linear Algebra Appl，2006，416(2-3)：559-567.

[106] Ji P，Wang L. Lie triple derivations of TUHF algebras[J]. Linear Algebra Appl，2005，403：399-408.

[107] Zhang J H. Jordan derivations of nest algebras[J]. Acta Math Sinica，1998，41：205-212.

[108] Brešar M. On the distance of the composition of two derivation to the generalized derivations[J]. Glasgow Math J，1991，33(1)：89-93.

[109] Hvala B. Generalized derivation in rings[J]. Comm Algebra，1998，26(4)：1147-1166.

[110] Brešar M，Vukman J. Jordan derivations on prime rings[J]. B Aust Math Soc，1988，37(3)：321-322.

[111] Brešar M，Vukman J. Jordan (θ,ϕ) -derivation[J]. Glasnik Mat，1991，26：13-17.

[112] Herstein I N. Jordan derivations of prime rings[J]. Proc Amer Math Soc，1957，8(6)：1104-1110.

[113] 余维燕，邢福弟. 三角代数上的广义 Jordan 导子[J]. 数学进展，2009，38(4)：477-480.

[114] 余维燕，张建华. 三角代数上的 Jordan (θ,ϕ) -导子[J]. 数学物理学报，2011，31(6)：1521-1525.

[115] 谢乐平，曹佑安. 形式三角矩阵环的导子和自同构[J]. 数学杂志，2006，26(2)：165-170.

[116] 余维燕，张建华. 完全矩阵代数上的广义 Jordan 导子[J]. 山东大学学报（理学版），2010，45(4)：86-89.

[117] Alizadeh R. Jordan derivations of full matrix algebras[J]. Linear Algebra Appl，2009，430(1)：574-578.

[118] Benkovič D. Jordan derivations and antiderivation on triangular matrices[J]. Linear Algebra Appl，2005，397：235-244.

[119] Ma F，Ji G X. Generalized Jordan derivation on triangular matrix algebras[J]. Linear Multilinear A，2007，55(4)：355-363.

[120] 杨翠，张建华. 套代数上的广义 Jordan 中心化子[J]. 数学学报，2010，53(5)：975-980.

[121] Kosi-Ulbl I，Vukman J. On centralizers of standard operator algebras and semisimple H^*-algebras[J]. Acta Math Hungar，2006，110(3)：217- 223.

[122] Molnár L. On centralizers of an H^*-algebras[J]. Publ Math-Debrecen，1995，46(1-2)：89-95.

[123] Qi X F，Du S P，Hou J C. Characterization of centralizers[J]. Acta Math Sinica (Chin Ser)，2008，51(3)：509-516.

[124] Vukman J. An identity related to centralizers on semiprime rings[J]. Comment Math Univ Carolin，1999，40(3)：447-456.

[125] Vukman J. Centralizers on semiprime rings[J]. Comment Math Univ Carolin，2001，42(2)：237-245.

[126] Vukman J，Kosi-Ulbl I. On centralizers of semiprime rings[J]. Aequationes Math，2003，66(3)：277-283.

[127] Vukman J，Kosi-UIbl I. Centralizers on rings and algebras[J]. Bull Austral Math Soc，2005，71(2)：225-234.

[128] Lešnjak G，Sze N S. On injective Jordan semi-triple maps of matrix algebras[J]. Linear Algebra Appl，2006，414(1)：383-388.

[129] 杜炜，张建华. 矩阵代数上的拟三重 Jordan 可导映射[J]. 数学学报，2008，51(1)：129-134.

[130] Brešar M. Jordan derivations on semiprime rings[J]. Proc Amer Math Soc，1988，104(4)：1003-1006.

[131]Sinclair A M. Jordan homomorphisms and derivations on semisimple Banach algebras[J]. Proc Amer Math Soc，1970，24(1)：209-214.

[132] Hou J C，Qi X F. Generalized Jordan derivation on nest algebras[J]. Linear Algebra Appl，2009，430(5-6)：1479-1485.

[133] Brešar M. Jordan mappings of semiprime rings[J]. J Algebra，1989，127(1)：218-228.

[134] Cusack J M. Jordan derivations on rings[J]. Proc Amer Math Soc，1975，53(2)：321-324.

[135] Li P，Jing W. Jordan elementary maps on ring[J]. Linear Algebra Appl，2004，382：237-245.

[136] Li P，Lu F Y. Additivity of Jordan elementary maps on nest algebras[J]. Linear Algebra Appl，2005，400：327-338.

[137] Lu F Y. Additive Jordan isomorphisms of nest algebras on normed spaces[J]. J Math Anal Appl，2003，284(1)：127-143.

[138] Beidar K I，Brešar M，Chebotar M A. Jordan isomorphisms of triangular matrixs algebras over a connected commutative ring[J]. Linear Algebra Appl，2000，312(1-3)：197-201.

[139] Lu F Y. Jordan triple maps [J]. Linear Algebra Appl，2003，375：311-317.

[140] 余维燕，张建华. 套代数上的 σ -双导子与 σ -可交换映射[J]. 数学学报，2007，50(6)：1391-1396.

[141] 余维燕，张建华. 套代数上的 (α,β) -双导子[J]. 吉林大学学报（理学版），2010，48(4)：574-578.

[142] Zhang J H，Feng S，Li H X，et al. Generalized biderivations of nest algebras[J]. Linear Algebra Appl，2006，418(1)：225-233.

[143] Banerjee A. Hopf cyclic cohomology and biderivations[J]. Proc Amer Math Soc，2010，138(6)：1929-1939.

[144] Beidar K I，Brešar M，Chebotar M A. Functional identities on upper triangular matrix algebras[J]. J Math Sci，2000，102(6)：4557-4565.

[145] Brešar M，Miers C. Commutativity preserving mappings of von Neumann algebras[J]. Canad J Math，1993，45：695-708.

[146] Brešar M. Functional identities：A survey[J]. Contemp Math，2000，259：93-109.

[147] Christensen E. Derivations of nest algebras[J]. Math Ann，2003，229(2)：155-161.

[148] Jøndrup S. Automorphisms and derivations of upper triangular matrix rings[J]. Linear Algebra Appl，1995，221：205-218.

[149] 张建华，杜炜. CSL 代数上的 Lie 导子[J]. 数学学报，2008，51(3)：475-480.

[150] Hadwin D，Li J. Local derivations and local automorphisms[J]. J Math Anal Appl，2004，290(2)：702-714.

[151] Longstaff W E. Strongly reflexive lattices[J]. J Lond Math Soc，1975，2(4)：491-498.

[152] Kadison R V. Local derivations[J]. J Algebra，1990，130(2)：494-509.

[153] Larson D R，Sourour A R. Local derivations and local automorphisms of B(X) [J]. Proc Sympos Pure Math，1990，

51：187-194.

[154] Crist R L. Local derivations on operator algebras[J]. J Funct Anal，1996，135(1)：76-92.

[155] Hadwin D，Li J. Local derivations and local automorphisms on some algebras[J]. J Operator Theory，2008：29-44.

[156] Han D，Wei S. Local derivations of nest algebras[J]. Proc Amer Math Soc，1995，123：3095-3100.

[157] Wu J. Local derivations of reflexive algebras[J]. Proc Amer Math Soc，1997，125(3)：869-873.

[158] Wu J. Local derivations of reflexive algebras II[J]. Proc Amer Math Soc，2001，129(6)：1733-1737.

[159] Johnson B. Local derivations on C^*-algebras are derivations[J]. Trans Amer Math Soc，2001，353(1)：313-325.

[160] Zhang J H，Pan F F，Yang A L. Local derivations on certain CSL algebras[J]. Linear Algebra Appl，2006，413(1)：93-99.

[161] Chen L，Lu F. Local Lie derivations of nest algebras[J]. Linear Algebra Appl，2015，475：62-72.

[162] Liu D，Zhang J. Local Lie derivations of factor von Neumann algebras[J]. Linear Algebra Appl，2017，519：208-218.

索 引

（按汉语拼音顺序）